Bibliografía Astronómica Mexicana, 1557-1935

Juan B. Iguíniz

Casa abierta al tiempo
UNIVERSIDAD AUTÓNOMA METROPOLITANA

Bibliografía Astronómica Mexicana, 1557-1935

Juan B. Iguíniz

Eduardo Piña Garza
(editor)

Casa abierta al tiempo
UNIVERSIDAD AUTÓNOMA METROPOLITANA

Primera impresión: 2009

Unidad Iztapalapa
San Rafael Atlixco núm. 186
Col. Vicentina, Iztapalapa, 09340, México, D.F.

ISBN: 9 786074 772104

Impreso en México / *Printed in Mexico*

Prólogo

Leonardo Dagdug Lima y Eduardo Piña Garza
Departamento de Física
División de Ciencias Básicas e Ingeniería
Universidad Autónoma Metropolitana - Iztapalapa

Estamos en 2009, el Año de la Astronomía, que conmemora los cuatrocientos años del primer uso astronómico del telescopio por Galileo Galilei.

Como parte de esta fiesta la Unidad Iztapalapa de la Universidad Autónoma Metropolitana se une a esta celebración con actividades varias, una de las cuales es la primera edición de esta *Bibliografía Astronómica Mexicana (1557-1935),* que hasta hoy fue un texto inédito escrito con mecanografía de dos tintas, negra y roja, terminado en 1936 por el bibliotecario del Observatorio Nacional, Juan B. Iguíniz. El ejemplar fue encuadernado y es un libro de la biblioteca del Instituto de Astronomía en la Universidad Nacional Autónoma de México. En esta época era director del Observatorio el Ing. geógrafo Joaquín Gallo Monterrubio, quien conservó esta posición entre 1915 y 1946. En 1960, el ingeniero Gallo escribe un trabajo sobre la astronomía mexicana y cita esta bibliografía inédita, la cual hasta ahora no aparece en la bibliografía publicada de Iguíniz.

Los primeros grandes escritores de la Ciencia Mexicana la citan también. Eli de Gortari en *La Ciencia en la Historia de México*, 1963, y Elías Trabulse en *Historia de la Ciencia en México, Siglo XVI*, 1983, ambas editadas por el Fondo de Cultura Económica.

En busca de un libro publicado por la astrónoma mexicana Francisca Gonzaga Castillo, uno de nosotros (E. P.) publica su fracaso y cita esta bibliografía en una carta enviada a la *Revista Naturaleza* en 1971. Este hecho demuestra que la presente bibliografía no es perfecta, puesto que no contiene a Francisca. Afortunadamente Aurora Tovar encuentra *Ephemeris calculada al Meridiano de México para el año del Señor de 1757*, Herederos de Doña María de Rivera, México, de esta astrónoma. Su hallazgo se realiza en la Biblioteca John Carter Brown de Brown University y lo reedita dentro del libro *Del estamento ocupacional a la comunidad científica. Astrónomos, astrólogos e ingenieros (siglos XVII al XIX*), María Luisa Rodríguez-Sala, coordinadora, UNAM, México, 2004.

Como presentadores de esta *Bibliografía Astronómica Mexicana*, no nos parece justo criticar este libro por no contener a una autora, y nos olvidemos de criticar tres historias muy conocidas de la astronomía mexicana, escritas cada una de ellas por varios autores —de 1986, 2000 y 2003—, que no citan la bibliografía que nos ocupa, y por lo mismo no son citadas aquí. Este hecho demuestra que la bibliografía de Iguíniz debe publicarse para que astrónomos, historiadores y otros letrados la puedan utilizar con provecho.

Al regresar cuatro siglos en los festejos del Año de la Astronomía, nos parece curioso se citen aquí trabajos sobre Galileo de hace cien años, donde aparecen religiosos progresistas que quieren hacer justicia a Galileo y científicos progresistas que polemizan con ellos. Obligados a respetar las fichas de Iguíniz, nosotros no expresamos nuestras ideas al respecto.

La importancia fundamental de esta bibliografía radica en la abundancia de fuentes recolectadas sobre la astronomía en México. Este trabajo ha sido superado algunas veces por los historiadores de la ciencia actuales, en particular por los de la Astronomía.

Tomando en cuenta la importancia del trabajo realizado durante los últimos años de vida de Juan B. Iguíniz, queremos insistir que se encuentran en su bibliografía datos valiosos inéditos sobre Arqueoastronomía, sobre Astronomía Novohispana y sobre 115 años de Astronomía del México Independiente.

En 1996 hicimos un estudio sobre el astrónomo juarista Francisco Díaz Covarrubias, para el cual nos fue de utilidad esta bibliografía. Tuvimos que completar el trabajo con otras fuentes y confirmamos la certeza de sus datos.

Juan B. Iguíniz Vizcaíno nace en Guadalajara el 29 de agosto de 1881. Él mismo escribió la historia de su familia de Guadalajara que se remonta al Irún vasco, cerca de la frontera francesa. Fue casado con la señora Elisa García y Villavicencio, quien falleció el 5 de enero de 1963; hubo en su matrimonio dos hijas, María de la Paz y Luz Margarita.

Hizo estudios primarios en colegios particulares y preparatorios en el Seminario Conciliar de Guadalajara, así como estudios especiales en el Museo Nacional de Arqueología, Historia y Etnografía de México, en la capital del país. En su currículum vitae destacan las fechas siguientes:

1910: Ayudante de bibliotecario del Museo Nacional.

1910-1915: Ayudante del regente de la imprenta del Museo Nacional.

1913-1917: Ayudante de la clase de Historia del Museo Nacional.

1915-1916: Clasificador especial de la Biblioteca Nacional.

1916-1917: Oficial primero catalogador de la Biblioteca Nacional.

1917-1926: Subdirector de la Biblioteca Nacional.

1918: Encargado de la dirección de la Escuela Nacional de Bibliotecarios y Archiveros.

1925-1926 y 1933-1934: Encargado de la Biblioteca Interamericana.

1927: Encargado de la Biblioteca de la Escuela Nacional Preparatoria.

1927-1928: Oficial primero del servicio de Demografía, Propaganda y Archivo del Departamento de Salubridad Pública.

1928: Jefe de sección técnica de la Secretaría de Relaciones Exteriores.

1928-1933: Historiador jefe de la Secretaría de Relaciones Exteriores.

1935-1936: Bibliotecario del Observatorio Astronómico Nacional.

1937-1941: Jefe de la Sección de Bibliografía de la Biblioteca Nacional.

1941-1946: Subdirector de la Biblioteca Nacional.

1947-1951: Director auxiliar de la Biblioteca Nacional, encargado de la dirección.

1951-1956: Director de la Biblioteca Nacional.

1956-1972: Investigador de tiempo completo del Instituto de Historia de la UNAM.

De sus cargos docentes:

1916-1918: Profesor de catalografía en la Escuela Nacional de Bibliotecarios y Archiveros.

1922-1923: Profesor conferencista de Bibliotecarios en la Escuela Nacional de Altos Estudios.

1925: Profesor de bibliografía y catalogación en la Escuela Nacional de Bibliotecarios.

1934-1935: Profesor de Biblioteconomía y Bibliografía en el Departamento de Bibliotecas de la Secretaría de Educación Pública.

1937-1941: Profesor de clasificación y evalúo de libros y grabados en el Instituto de Valuadores del Nacional Monte de Piedad.

1942-1943: Profesor de Bibliografía en el Colegio de México.

1946-1956: Profesor de historia del libro, de selección de libros y de técnica bibliográfica en la Escuela Nacional de Bibliotecarios y Archivistas.

1949-1950: Profesor de historia del libro en la Universidad Femenina de México.

1953: Profesor de Bibliología e Historia de las Bibliotecas en la Facultad de Filosofía y Letras de la UNAM.

1953: Profesor de Bibliografía en el Curso de Capacitación en la Biblioteca Central de la UNAM.

Perteneció a numerosas agrupaciones culturales. Fue miembro de la Comisión de Historia del Instituto Panamericano de Geografía e Historia, y Consejero suplente del Consejo de la Facultad de Filiosofía y Letras de la UNAM.

Entre sus publicaciones se encuentran:

Apuntes biográficos del Dr. D. Francisco Severo Maldonado (México, 1911).

La imprenta en la Nueva Galicia 1793-1821 (México, 1911).

El Colegio de San Juan Bautista de Guadalajara (México, 1912).

Las publicaciones del Museo Nacional de Arqueología, Historia y Etnología (México, 1912).

Catálogo de seudónimos, anagramas e iniciales de escritores mexicanos (México, 1913).

Los historiadores de Jalisco. Epítome bibliográfico (México, 1918).

Instrucciones para la redacción y formación de catálogos bibliográficos (México, 1919).

El escudo de armas nacionales (México, 1920).

Las bibliotecas de México (México, 1924).

Bibliografía de novelistas mexicanos (México, 1926).

Los marqueses de Uluapa (México, 1929).

Bibliografía biográfica mexicana, Tomo I (México, 1930).

La imprenta en la Nueva España (México, 1938).

El primer libro impreso en México (México, 1939).

Hay que leer. Instrucciones, advertencias y consejos acerca de los libros y la lectura (México, 1940).

Las artes gráficas en Guadalajara (México, 1943).

Bibliografía de los escritores de la provincia mexicana de la Compañía de Jesús (México, 1945).

El libro. Epítome de bibliología (México, 1946).

Guadalajara a través de los tiempos (Guadalajara, 1950-1951).

Breve historia de la Tercera Orden Franciscana de la Provincia del Santo Evangelio de México (México, 1951).

El periodismo en Guadalajara, 1809-1911 (México, 1953).

Algunos bibliotecarios mexicanos. Semblanzas (México, 1958).

Los Iguíniz de México. Monografía histórica, biográfica y genealógica (México, 1967).

Bibliografía biográfica mexicana (México, 1969).

Juan B. Iguíniz tuvo acceso a muchas bibliotecas nacionales, donde pudo consultar las obras astronómicas incluidas en este libro, especialmente como bibliotecario del Observatorio Nacional, donde escribió esta bibliografía entre 1935 y 1936. En aquel tiempo, el número de astrónomos mexicanos era escaso y las actividades poco especializadas y con poca investigación. En consecuencia, esta bibliografía tiene preferentemente un interés histórico. Se encuentran en ella la mayor parte de las publicaciones realizadas por los astrónomos mexicanos hacia finales del siglo XIX y principios del siglo XX.

Se han incorporado numerosas publicaciones sobre temas astronómicos que se redactaron con el propósito de enseñar y divulgar la ciencia de Urania. Muchos de estos trabajos han perdido actualidad de conocimientos, sin embargo, conservan el interés manifestado en diversos momentos de nuestra historia y el nivel alcanzado. Destaca durante el cambio de siglo XIX-XX, el papel de muchas mujeres interesadas en divulgar la astronomía, profesoras algunas de ellas, quienes participan en la acción cultural de enseñar la ciencia.

Como muchas de las obras no eran accesibles a nuestro bibliógrafo, recopila información de otras fuentes, pero por motivos desconocidos no incorpora a esta bibliografía varias fuentes importantes que conocía muy bien.

Poco antes de morir, se le hace un homenaje en el número de julio a diciembre de 1970 del *Boletín del Instituto de Investigaciones Bibliográficas*, donde escriben Ernesto de la Torre Villar, Rafael Carrasco Puente, Ignacio Dávila Garibi, Ricardo Lacaster Jones, Roberto Moreno, José Miguel Quintana, Alicia Perales de Mercado y Luis Roblúo.

Luis Roblúo elaboró una bibliografía de Juan B. Iguíniz con 170 entradas, 55 de ellas sobre temas de Guadalajara.

A su muerte, en 1972, Ernesto de la Torre Villar escribe para él *In memoriam* en el *Boletín del Instituto de Investigaciones Bibliográficas* de la UNAM.

Índice

A

B

C

CH

D

E

F

G

H

I

J

K

L

M

N

O

P

R

S

T

U

V

Z

A

ABADIANO, DIONISIO

Estudio Arqueológico y Jeroglífico del Calendario o Gran Libro Astronómico, Histórico y Cronológico de los antiguos indios .- México, Imp. de la Secretaría de Fomento, 1889.- xii, 203 p. 2 láms. ilustr. 24 cm.

> Índice: Introducción.- División del tiempo.- Medidas de la piedra.- Caracteres numéricos.- Nombres y significación de los días del mes mexicano.- Año civil.- Metzlapohualli o cuenta de la Luna.- Primero, segundo y tercer grupo.- Cambio de signo de su calendario, corrección de él o intercalación de un año.- Los cuatro soles o edades.- Gnómones.- Tablas del calendario tulteco.

ADORNO, JUAN NEPOMUCENO

La Armonía del Universo. Ensayo filosófico en busca de la verdad, la unidad y la felicidad. Escrito en dos épocas. Primera época. Año de 1862. Prolegómeno. Primera parte. Nociones fundamentales acerca del Creador y de la creación, Catecismo de la Providencialidad. Segunda época. Año de 1882. Segunda parte. Nociones acerca de la morfología fundamental. Tercera parte. Nociones acerca de la Naturaleza metamórfica. Cuarta parte. Nociones acerca de la Cosmogonía del sistema planetario solar. Quinta parte. Nociones psicológicas.- México, Tips. de Juan Abadiano y de Gonzalo A. Esteva, 1862-82.- 118 (por 112), 76, 217, 57, 102, vii, 114 p. 3 láms. 2 cuadros 27.5 cm.

La cuarta parte se halla dividida en los capítulos que siguen: Nociones cosmogónicas del sistema solar.- Gravitación universal.- Resumen de los efectos astronómicos del armonio.- Cuadro sinóptico del sistema planetario-solar.

Descripción del Cronómetro Efemeridio Astronómico inventado, calculado y construido para el meridiano de Chapultepec.- México, Tip. de Gonzalo A. Esteva, s. a.-8 p. 28.5 cm.

Consérvase el referido aparato en el Observatorio Astronómico Nacional de Tacubaya.

Introduction to the Harmony of the Universe; or, principles of Physico-Harmonic Geometry.- London, John Weale and Newton and Son, 1851.- (2), 161 p. 18 láms. 1 cuadro 25 cm.

Índice: Preface.- Preliminary observations.- Atomic functions.- Mathematical analysis of circle.- Synthesis of the circle.- Geometrical harmonium.- Physical properties of harmonic lines.- Geometrical compensation of the circumsurface with harmonic planes.- Harmonic solids.- Application of the harmo-spherion to Astronomy and Geography.- Mechanical demostration of the aliquot proportions of the diameter and the circunference.- Conclusion.

Memoria escrita acerca de los tres fenómenos astronómicos siguientes: 1o. El tránsito de Venus por el disco del Sol el 6 de diciembre de 1882, 2o. El Gran Cometa de este mismo año. 3o. Notables observaciones hechas recientemente en el planeta Marte.- México, Tip. de Gonzalo A. Esteva, 1882.- (2), 37 p. 1 lám. 28 cm.

AGUILAR Y VELÁZQUEZ, GUADALUPE

El Cielo de México en la estación de Otoño (Bol. Soc. Astr. Mex., t. 4, p. 671-674 y t. 5, p. 703-705, México, 1905-06).

El Cometa Brooks "A, 1904." (Bol. Soc. Astr. Mex. t. 3, p. 322-327, ilustr., México, 1904).

Las Constelaciones de Invierno. (Bol. Soc. Astr. Mex., t. 5, p. 740 y 774-783, México, 1906).

La Fotografía de los Canales de Marte. (Bol. Soc. Astr. Mex., 4, p. 626-629, México, 1905).

Jerónimo Lalande. (Bol. Soc. Astr. Mex., t. 9, p. 217-224, México, 1910).

Marcha del Cometa de Encke en su aparición de 1904. (Bol. Soc. Astr. Mex., t. 3, p. 300-303, 1 carta, México, 1904).

Las nebulosas. (Bol. Soc. Astr. Mex., t. 12, p. 137-140 y 183-187, México, 1913).

Los Nuevos Cometas. (Bol. Soc. Astr. Mex., t. 3, p. 482-485, México, 1905).

Los Planetas Mercurio y Venus. (En Sociedad Astronómica de México, Conferencias del Curso Popular de Astronomía, México, 1912, 22 cm., p. 65-83, 1 lám. ilustr.).

Los progresos de la Astronomía en el año de 1911. (Bol. Soc. Astr. Mex., t. 11, p. 29-31 y 49-53, México, 1912).

La Próxima visita del Cometa de Encke. (Bol. Soc. Astr. Mex., t. 3, p. 380-382, México, 1904).

La Reaparición del Cometa de Encke. (Bol. Soc. Astr. Mex., Mex., t. 3, p. 423-425, México, 1904).

Sir Henry Cavendish. (Bol. Soc. Astr. Mex. t. 9, p. 123-127, México, 1910).

Una estrella nueva en la constelación del Lagarto. (Bol. Soc. Astr. Mex., t. 10, p. 471-472 y 484-486, México, 1911).

Una excursión por la "Vía láctea." (Bol. Soc. Astr. Mex., t. 6, p. 45-48 y 55-57, México, 1907).

AGUILLÓN, AMELIA

El Mundo de los Asteroides. (Bol. Soc. Astr. Mex., t. 6, p. 11-16, México, 1907).

AGUILLÓN, GABRIEL F.

Los Asteroides. (En Sociedad Astronómica de México, Conferencias del Curso Popular de Astronomía, México, 1912, 22 cm., p. 177-191 ilust.

Breve exposición, desde el punto de vista histórico, de los sistemas empleados por diferentes pueblos antiguos y modernos para arreglar sus años civiles. (Bol. Soc. Astr. Mex., t. 4, p. 609-623, México, 1905).

El Planeta Marte. Conferencia del Capitán D. Gabriel F. Aguillón. *La Constelación del Cochero.* Conferencia del Profesor D. Luis G. León. México, Imp. de Aguilar e Hijos, 1902.-21 p. 2 láms., ilustr., 19 cm.

Un hermoso Bólido. (Bol. Soc. Astr. Mex., t. 5, p. 850-851, México, 1906).

ALCOCER, CAROLINA

Estudios lunares en colaboración. (Bol. Soc. Astr. Mex., t. 5, p. 894-898, México, 1906).

ALEMÁN, SILVERIO, Ing.

El Cometa de 1680 observado en México. (Rev. Soc. Est. Astr. y Geof., v. 1, n. 4, p. 37-44, México, 1929).

Consideraciones sobre la aplicación del método de alturas iguales a dos estrellas para determinar la hora. (En Anuario del Observatorio Astronómico Nacional de Tacubaya para el año de 1921, México, 1920, 19 cm., p. 279-282).

ALZATE Y RAMÍREZ, JOSÉ ANTONIO, Pbro.

Carta del autor de la Gaceta de literatura al anónimo que imprimió en las de Mégico números 44 y 45 un discurso sobre Aurora boreal. (En sus Gacetas de Literatura de México, 2a. ed., t. 1, p. 301-311, Puebla, 1831).
Disertación (nombrada) Física, sobre la materia y formación de las auroras boreales... por D. Antonio de León y Gama etc.. (En sus Gacetas de Literatura de México, 2a. ed., t. 1, p. 423-424, Puebla 1831).
Eclypse de Luna del doce de Diciembre de mil setecientos sesenta y nueve años. Observado en la Imperial Ciudad de México. Y dedicado al Rey Nro. Sr- México, Imp. por el Lic. D. Joseph Jáuregui, 1770.- 18 p. 1, lám. 19.5 cm.
Idem. (En sus Gacetas de Literatura de México, 2a. ed., t. 4, p. 62-71, 1 lám., Puebla, 1831).
Noticia de un meteoro, impresa de orden superior. (En sus Gacetas de Literatura de México, 2a. ed., t. 2, p. 142-143, Puebla, 1831).
Noticia del meteoro observado en esta ciudad en la noche del día 14 del corriente. (En sus Gacetas de Literatura de México, 2a. ed., t. 1, p. 231-234, Puebla, 1831).

Refiérese la fecha al mes de diciembre de 1789.

ANGUIANO, ÁNGEL, Ing.

A la memoria del Sr. Ingeniero Geógrafo Don Francisco Jiménez. (En anuario del Observatorio Astronómico Nacional de Chapultepec para el año de 1883, 17 cm., p. 54-55).
Arcos semidiurnos. (Boletín del ministerio de Fomento, t. 1, p. 257, México, 1877).

Aspecto general del cielo. (En Anuario del Observatorio Astronómico Nacional de Tacubaya para el año de 1885, México, 1884, 17 cm., p. 62-112, 1 lám.).

Refiérese a los meses de enero a junio.

Aspecto general del cielo. (En Anuario del Observatorio Astronómico Nacional de Tacubaya para el año de 1886, México, 1885, 17 cm., p. 70-103, 1 lám.).

Refiérese a los meses de julio a diciembre.

La Aurora Boreal del 9 de Septiembre de 1898 Observada a bordo de "La Touraine." (Bol. Obser. Astr. N. de Tac., t. 2, p. 153, México, 1897-1901).

Breves consideraciones sobre la fotografía celeste. (En Anuario de la Academia Mexicana de Ciencias Exactas, Físicas y Naturales Correspondiente de la Real de Madrid, México, 1900, 21 cm., año 4, p. 41-80).

Cometa "Pons Brooks." 1883-1884. (En anuario del Observatorio Astronómico Nacional de Tacubaya para el año de 1885, México, 1884, 17 cm., p. 186-189).

Cometa Swift (a. 1892), observado en Tacubaya. (Bol. Observ. Astr. N. de Tac., t. 2, p. 153, México, 1897-1901).

Conferencia Internacional Meridiana en Washington. (En Anuario del Observatorio Astronómico Nacional de Tacubaya para el año de 1886, México, 1886, 17 cm., p. 104-194).

Reseña de la reunión celebrada en Washington en el mes de octubre de 1884 con el objeto de tratar la cuestión de un meridiano inicial y de fijar uno que fuese reconocido por todas las naciones como meridiano de referencia para las longitudes y el tiempo. Concurrieron como representantes de México los Ings. D. Leandro Fernández y D. Ángel Anguiano.

Departamento astro-fotográfico. (Bol. Observ., Astr. N. de Tac., t. 1, p. 147-151, 2 láms., México, 1890-97).

Descripción de las salas y los aparatos respectivos del Observatorio Astronómico de Tacubaya.

[*Discurso en Memoria del Padre Angelo Secchi*]. (Bol. Soc. Mex. Geogr. y Estad., 3a. ép., t. 4, p. 404-414, México, 1878).

Discurso inaugural pronunciado al comenzar sus trabajos la Sociedad Astronómica de México, el año de 1907. (Bol. Soc. Astr. Mex., t. 5, p. 942-946, México, 1907).

Ecuatorial de 0m 38. Observación del planeta (247) Eucrates. (Bol. Observ. Astr. N. de Tac., t.1, p. 5-11, México, 1890-97).

Elementos de cosmografía o primeras nociones de Astronomía. Adaptadas como texto en las escuelas del Gobierno.- Nueva York, Impr. por D. Appleton y Cía. para Gallegos Hermanos, 1891.- 76 p. ilustr. 18.5 cm.

Obrita muy interesante, tanto por la forma y el método de su exposición, como por los grabados que la ilustran.

Estudio sobre la posición heliográfica de las manchas solares.- México, Of. Tip. de la Secretaría de Fomento, 1894.-35 p. 22.5 cm.

Idem. (Bol. Observ. Astr. N. de Tac., t. 1, p. 235-249, México, 1890-97).

Formación de la Carta Celeste por medio de la Fotografía. (En Anuario del Observatorio Astronómico Nacional de Tacubaya para el año de 1889, México, 1888, 17 cm., 66-116).

Historia del proyecto para la formación de la carta del cielo en colaboración por los principales observatorios astronómicos del mundo, propuesto por el Almirante Moucez en 1886.

Importancia de la Astronomía en el orden político y administrativo. Discurso pronunciado en la sesión del día 8 de agosto de 1895.- México, Oficina Tip. de la Secretaría de Fomento, 1895.- 24 p. 20.5 cm. (Primer Congreso Científico Mexicano, México, 1897, v. 3).

Idem. (Bol. Observ. Astr. N. de Tac., t. 1, p. 414-420, México, 1890-97).

Idem. (En Anuario de la Academia Mexicana de Ciencias Exactas, Físicas y Naturales Correspondiente de la Real de Madrid, México, 1896, 21 cm., año 1, p. 17-38).

Informe que presenta el que suscribe a la Secretaría de Fomento, sobre los cuatro Congresos científicos a que asistió en el curso del año de 1896, en representación del Gobierno Mexicano y del Observatorio Astronómico Nacional de Tacubaya. (En Anuario del Observatorio Astronómico Nacional de Tacubaya para el año de 1898, México, 1897, 17 cm., p. 159-219).

> Refiérese al Congreso Astro-fotográfico reunido en París, al Internacional Meteorológico de la misma ciudad, al Internacional de Hidrología, Climatología y Geología en Clermont-Ferrand y a la Conferencia de la Asociación Geodésica Internacional en Laussane.

Informe que presenta el que suscribe a la Secretaría de Fomento, sobre las observaciones hechas en la República, con motivo del paso de Venus por el disco solar. (En México.- Secretaría de Fomento, Memoria presentada al Congreso de la Unión, 1883-1885, México, 1887, 30 cm., t. 1, p. 442-478).

Leyes de Kepler. (Boletín del Ministerio de Fomento, t. 1, p. 234, México, 1877).

Longitud del Observatorio Astronómico Nacional Mexicano por señales telegráficas cambiadas directamente entre St. Louis Missouri (E. U. de A.) y Tacubaya. Observador en St. Louis Missouri, Sr. Profesor H. S. Pritchett. Observador en Tacubaya,

Ingeniero Ángel Anguiano. Memoria que escribió y presenta a la Secretaría de Fomento el Ingeniero... Director del Observatorio Astronómico Nacional de Tacubaya.- México, Tip. de la Secretaría de Fomento, 1886.-89 p. 2 láms. 23.5 cm.
Idem. (Bol. Obser. Astr. N. de Tac., t. 2, p. 217-262, 1 lám., México, 1897-1901).
Idem. (En Anuario del Observatorio Astronómico Nacional de Tacubaya para el año de 1888, México, 1887, 17 cm., p. 112-153).

Extracto de la Memoria anterior.

Paso de Venus de 1882. (En Anuario del Observatorio Astronómico Nacional de Tacubaya para el año de 1884, México, 1883, 17 cm., p. 54-166).

Exposición general del fenómeno e informe de los resultados obtenidos por las comisiones que lo observaron en diversos lugares de la República.

Posición geográfica del Observatorio Astronómico Nacional de Tacubaya. (En anuario del Observatorio Astronómico Nacional de Tacubaya para el año de 1885, México, 1884, 17 cm., p. 113-136.

En vista de las observaciones practicadas, quedó determinada la posición en 6 h 36 m 41.63 s al 0. de Greenwich.

Los Progresos de la Astronomía. (Bol. Soc. Astr. Mex., t. 7, p. 182-188 y 193-198, México, 1908).
Proyecto aprobado por el Ministerio de Fomento para el establecimiento de un Observatorio Nacional-Astronómico y Metereológico, en el Palacio de Chapultepec, según acuerdo de dicho Ministerio. (An. Min. Fom. Rep. Mex., t. 1, p. 46-51, 1 plano, México, 1877).

El Tiempo. (Boletín del Ministerio de Fomento, t. 1, p. 122, 130, 141 y 162, México, 1877).

Serie de artículos sobre la materia intitulados: Generalidades.- Guardatiempos.- Ecuación del tiempo.- Tiempo sideral.- Año trópico.

El Tiempo. (En Anuario del Observatorio Astronómico de Chapultepec para el año de 1881, México, 1880, 17 cm., p. 58-86).
Idem. (En Anuario del Observatorio Astronómico de Chapultepec para el año de 1882, México, 1881, 17 cm., 56-89).

Contiene: Definición.- Día.- Crepúsculos.- Sistema solar.- Día sideral y solar.- Año.- Año romano.- Año mexicano.- Estaciones.- Meses.- Calendario romano.- Calendario ruso.- Zodiaco.- Semanas.

Tratado de Cosmografía adoptado como texto en la Escuela Nacional Preparatoria.- México, Imp. de Francisco Díaz de León, 1887.- viii, 295, xxv, (2) p. 2 planisferios 24 cm.

Libro 1o. *El mundo aparente.* Cap. 1. Movimiento diurno y aspecto general del cielo.- Cap. 2. Esfera celeste y terrestre.- Cap. 3. Instrumentos angulares.- Cap. 4. Instrumentos para la medida del tiempo.- Cap. 5. Observaciones instrumentales.- Cap. 6. Las estrellas.

Libro 2o. *Mundo real.* Cap. 1. Reseña histórica.- Cap. 2. Verdadero sistema del mundo.- Cap. 3. movimiento de rotación de la Tierra.- Cap. 4. Leyes de Kepler.- Cap. 5. La Tierra.- Cap. 6. Refracción astronómica.- Cap. 7. Paralelaje.- Cap. 8. Distancia de la Tierra al Sol, y a la Luna.- Cap. 9. Paralelaje de las estrellas fijas.- Cap. 10. Velocidad de la luz.- Cap. 11. Aberración.- Cap. 12. Precesión y nutación.- Cap. 13. Movimientos planetarios.- Cap. 14. La Luna.- Cap. 15. Calendario.

Libro 3o. *Física celeste.* Cap. 1. Gravitación universal.- Cap. 2. Mareas.- Cap. 3. Espectroscopía.- Cap. 4. Constitución física del Sol.- Cap. 5. Constitución física de los planetas y de sus satélites.- Cap. 6. Cometas.- Cap. 7. Meteoros cósmicos.- Cap. 8. Física estelar.

Tabla 1. Para convertir intervalos de tiempo sidéreo en intervalos equivalentes de tiempo medio solar.- Tabla 2. Para convertir intervalos de tiempo medio solar en intervalos equivalentes de tiempo sidéreo.

Idem. 2a. ed. notablemente aumentada.- México, Oficina Tip. de la Secretaría de Fomento, 1893.-370, xxv, ii p. 4 láms., 2 planisferios, ilustr. 22.5 cm.

Viaje a Europa en comisión astronómica. Informe que el Ingeniero... Director del Observatorio Astronómico Nacional Mexicano presenta a la Secretaría de Fomento.- México, Imp. de Francisco Díaz de León, 1882.-(2), 101 p. 1 lám. 24 cm.

Idem. (An. Min. Fom. Rep. Mex., t. 7, p. 361-461, México, 1882).

Comisionado el autor para la adquisición de nuevos instrumentos astronómicos, hace la descripción de los Observatorios de Greenwich, París, Montsouris, Meudon, Bruselas, Berlín, Postdam, Viena, del Colegio Romano, Nápoles, Ginebra, San Fernando, Madrid, Dublín y Chapultepec, así como también de la Fábrica de Troughton and Simms, en Inglaterra.

Véase también Chapultepec.- Observatorio Astronómico Nacional; Jiménez, Francisco y Anguiano, Ángel; México.- Observatorio Astronómico Central; Tacubaya.- Observatorio Astronómico Nacional.

ANÓNIMOS

Breve explicación del cómputo eclesiástico, de las epactas, ci-

clos solar y lunar, aureo número, indicciones, letra dominical, y del martirologio: explicación de los aspectos lunares y modo de fijarlos: de la declinación del sol, equinoccios y solsticios: de las edades del mundo, y de las fiestas movibles generales y particulares.- Méjico, en la oficina de D. Alejandro Valdés, 1820.-44 p. 15 cm.

El Calendario Hebreo antes de la ruina de Jerusalem, (70 de la E. C.). Traducción del "Cosmos" para el Boletín Eclesiástico y Científico del Arzobispado de Guadalajara por el Pbro. Severo Díaz. (Boletín Eclesiástico y Científico del Arzobispado de Guadalajara, t. 3, p. 295-304, 338-345, 443-450, 477-482 y 509-513, Guadalajara, 1906).

El Cometa. Noticias sobre los cometas en general, y en particular sobre el cometa que debe aparecer de nuevo en este año de 1832, y cuya revolución es de seis años y nueve meses.- México, Imp. de Galván a cargo de Mariano Arévalo, 1832.-8 p. 21 cm.

Spain and Spanish America in the Libraries of California a Cataloque of books, Berkeley, 1930, t. 2, p. 202.

Compendio de Astronomía al alcance de todos y en doce lecciones, publicado por J. Rivera, hijo y Comp.- México.

Catálogos de la Biblioteca Nacional de México, Biblioteca Nocturna, México, 1897, p. 80.

Cómputo Eclesiástico o Modo conque (sic) la Iglesia arregla sus fiestas movibles, sacado de los estudios de las Rúbricas que se han hecho en el Colegio del Divino Salvador de Purísima del Rincón, y que el Ilmo. Sr. Obispo Dr. y Mtro. D. José María de Jesús Diez de Sollano y Dávalos mandó imprimir para que se estudie en todos los Colegios eclesiásticos de su Diócesis. Lo saca el mismo Colegio deseando servir con él a los fieles que deseen este conocimiento.- León, Tip. de José M. Monzón, 1881.-34 p. 15 cm.

Discurso sobre la luz septentrional que se vio en esta ciudad el día 14 de Noviembre de 1789 entre 8 y 9 de la noche. (Gazeta de México, t. 3, p. 432-435 y 444-447, México, 1789).

Este artículo fue refutado por el Pbro. D. José Antonio Alzate en el t. 1 de sus Gacetas de Literatura de México.

Las Leyes de Kepler. Opúsculo dedicado respetuosamente por el autor al Sr. Ingeniero D. Ángel Anguiano, Director del Observatorio Astronómico de Tacubaya. (En Anuario del Observatorio Astronómico Nacional de Tacubaya para el año de 1887, México, 1886, 17 cm., p. 67-130).

Relación de un cometa en Constantinopla.- México, Impr. por la Viuda de Calderón, 1670.- Hoja en fo.

Andrade, Vivente de P., Ensayo Bibliográfico Mexicano del siglo XVII, México, 1899, p. 367.

APORTELA, LEONARDO

Nociones de Cronología para uso de las Escuelas de Instrucción Primaria en el Estado de Tlaxcala, arregladas en forma de lecciones.- Tlaxcala, Impr. Xicohtencatl, 1906.- 72 p. 19.5 cm.

Distribuidas en las materias que siguen: 1. Cronología.- 2. Cronografía.- 3. Cronometría.- 4. Año trópico, sideral, anomalítico.- 5. Multiplos del año y sus divisiones.- 6. Medida del tiempo.- 7. Tiempo medio.- Historia de la Cronología.- 8. Asia.- 9. Africa.- 10. Europa.- 11. América.- 12. Intercalaciones y correcciones.- 13. Cómputos.- 14. Nombres especiales de edades, épocas, siglos, años, etc.- 15. Nombres especiales del tiempo en algunas ciencias, artes, etc.- 16. Nombres de algunos aparatos y máquinas para medir el tiempo.- Notas cronológicas de Asia, Africa, Europa y América.

ARAGÓN, AGUSTÍN, Ing.

El Eclipse de Sol de 28 de Mayo de 1900. (An. As. Ing. y Arq. de Méx., t.9, p. 94-102, México, 1900).

El Genio de Newton. Discurso del diputado de la Asociación de Ingenieros y Arquitectos de México y del Observatorio Astronómico Nacional, en la Conmemoración del sabio inglés, organizada con motivo del bicentenario de su muerte por dicha Asociación y la Sociedad Científica Antonio Alzate, y efectuada el lunes 9 de mayo de 1927, en el Salón de Actos del Colegio de Minería. (Rev. Mex. de Ing. y Arq., v. 5, p. 372-384, México, 1927).

ÁRBOL Y BONILLA, JOSÉ, Ing.

Cosmografía Elemental. Obra de texto en el Instituto de Ciencias del Estado de Zacatecas y Escuela Normal de Señoritas.- Zacatecas, Tip. de la Penitenciaría a cargo de Mariano Mariscal, 1887.-258, (10) p. 28 cm.

Contiene: Introducción.- Lib. 1o. Del movimiento diurno y de las estrellas consideradas como puntos de referencias.- Lib. 2o. La Tierra.- Lib. 3o. El Sol.- Lib. 4o. La Luna.- Lib. 5o. Los Planetas.- Lib. 6o. De los planetas considerados en sí mismos.- Nociones sobre su constitución física.- Lib. 7o. Los Cometas y los meteoros cósmicos.- Lib. 8o. Las Estrellas y las Nébulas.

El Eclipse anular de Sol para Marzo 5 de 1886 calculado para Puebla.

La gran lluvia de estrellas errantes del 27 de Noviembre de 1885. Uranolito provenido de esta lluvia, caído en Mazapil, Zacatecas (México). Es un fragmento del cometa Biela. Berichte des Directors der Sternwarte Zacatecas, Prof..., an Herrn William E. Hidden in Newark über den Sternschnuppenfall von 27. Nove, ber 1885 und über den Fall des Meteoreisens von Mazapil. (Annalen des K. K. Naturhistorischen Hofmuseums, v. 10, p. 308-327, Wien, 1895).

Texto en español y alemán. Citado por Aguilar y Santillán en su Bibliografía Geológica y Minera de la República Mexicana, México, 1908, p. 27.

Observación del Eclipse Total de Sol. Estación Guzmán del Ferrocarril Central. Campamento "Francisco Díaz Covarrubias." 28 de mayo de 1900.-S. p. i.-Hoja de 27.5 cm.

Véase también Zacatecas.- Observatorio Astronómico.

ARCE, CRISTINA, Profa.

Forma y principales movimientos de la tierra. (En Conferencias científicas de las alumnas de la Escuela Normal para Profesoras en el período del 6 de junio al 25 de julio de 1891, México, 1891, 22.5 cm., p.7-14).

ARREOLA, JOSÉ MARÍA, Pbro.

Breve estudio del gran monumento arqueológico llamado "Calendario azteca." (Boletín de la Junta Auxiliar Jalisciense de la Sociedad Mexicana de Geografía y Estadística, t. 4, p. 73-78, Guadalajara, 1935).
Informe acerca del establecimiento de los Observatorios del Seminario Conciliar. (Boletín Eclesiástico y Científico del Arzobispado de Guadalajara, t. 1, p. 186-187 y 208-212, Guadalajara, 1904).

ARRIAGA, JOSÉ JOAQUÍN, Ing.

La Ciencia Recreativa. Publicación dedicada a los niños y a las clases trabajadoras. Cosmografía.-México, Tip. de J. M.

Aguilar Ortiz, 1876.-35, 39, 35, 36, 35, 38 y 41 p. 7 láms. 14 cm.

Serie de interesantes monografías de carácter popular, intituladas: El Cielo.- El Sol y las estrellas. 1a. parte.- Idem. 2a. parte.- La Favorita del Sol.- Los planetas.- Mercurio y Venus.- De Marte a Neptuno.- La Luna y los cometas.

AVILEZ, IGNACIO, Ing.

La Determinación de la Latitud. (En Anuario del Observatorio Astronómico Nacional de Tacubaya para el año de 1920, México, 1919, 23 cm. p. 247-256).
Idem. (En anuario del Observatorio Astronómico Nacional de Tacubaya para el año de 1921, México, 1920, 19 cm., p. 244-253).

B

BAEZ, VICTORIANO D.

Creencias y teorías sobre el sistema del Universo. (Bol. Soc. Astr. Mex., t. 2, p. 256-262, México, 1904).
Efectos de la inclinación del eje terrestre y de la Eclíptica.(Bol. Soc. Astr. Mex., t. 3, p. 494-499, México, 1905).

BANDA, LONGINOS, Ing.

Geografía matemática y astronómica.- Guadalajara, 1877.

Existen varias ediciones.

BÁRCENA, MARIANO, Ing.

Discurso pronunciado por el Director del Observatorio Meteorológico Central en la velada que la Sociedad Mexicana de Geografía y Estadística dedicó a la memoria de su ilustre socio el Padre Angelo Secchi. (Bol. Soc. Méx. Geogr. y Est., 3a. ép., t. 4, p. 426-437, México, 1878).
Idem. (Boletín del Ministerio de Fomento, t. 4, p. 11 y 115, México, 1879).

BAZ, CONCEPCIÓN, Profa.

La Luna. (En Conferencias Científicas de las alumnas de la Escuela Normal para Profesoras en el período del 3 de junio al 29 de julio de 1899, México, 1901, 22 cm., p. 67-78).

BECERRA, MARCOS E.

El Antiguo Calendario Chiapaneco. Estudio comparativo entre éste y los calendarios precoloniales maya, quiché y nahoa. (Universidad de México, t. 5, p. 291-364, ilustr., México, 1933).

BELTRÁN Y PUGA, GUILLERMO, Ing.

Descripción del Observatorio Astronómico N. de Tacubaya presentada a la Sociedad de Ingenieros y Arquitectos.- México, Oficina Tip. de la Secretaría de Fomento, 1893.-44 p. 1 plano 7 fots., 23.5 cm.

Idem. (An. As. Ing. y Arq. de Mex., t. 3, p. 265-307, México, 1892).

Flexión del anteojo del círculo meridiano. (Bol. Observ. Astr. N. de Tac., t. 1, p. 86-90, México, 1890-97).

Latitud del Observatorio de Tacubaya. (Bol. Observ. Astr. N. de Tac., t. 1, p. 111-129 y 161-178, México, 1890-97).

El Observatorio Astronómico Nacional de Tacubaya. (Sociedad Científica "Antonio Alzate," Rev. Cientif. y Bibl., 1891-92, p. 34-37, México, 1891).

Sala Meridiana. Estudio del Círculo Meridiano. (Bol. Observ. Astr. N. de Tac., t. 1, p. 12-15 y 18-31, México, 1890-97).

BENÍTEZ LEAL, PEDRO

Véase Noriega, Pedro y Benítez Leal, Pedro.

BEYER, HERMANN

La Astronomía de los antiguos mexicanos. (An .Mus. N. Arq., Hist. y Etnol, t. 2, p. 221-243 ilustr., 1 lám., México, 1910)

Contiene: Introducción.- Las Constelaciones.- El Sol.- La Luna.- Los Planetas. Venus. La Tierra.- La Vía láctea.- Los Cometas.

Correcciones del período de Venus en los Códices Borgia y Porfirio Díaz. (En Reseña de la Segunda Sesión del XVII Congreso Internacional de Americanistas, México, 1912, 23 cm., p. 134-139, ilustr.).
El Llamado "Calendario Azteca." Descripción e interpretación del Cuauhxicalli de la "Casa de las Aguilas.".- México, Verband Deutscher Reichsangehöriger (Liga de Ciudadanos Alemanes), 1921.- vii, 126, iii p. 1 lám., ilustr. 24cm.

Índice: Prefacio.- 1. Clasificación del Monumento.- 2. La Casa del Dios solar.- 3. Las Garras del Dios solar.- 4. El Jeroglífico "4 Olin.".- 5. Los cuatro Soles Prehistóricos.- 6. Los Emblemas de las Cuatro Regiones.- 7 Los Veinte Signos de los Días.- 8. La Orilla del Disco Solar.- 9. Las Serpientes de Fuego.- 10. El Perfil del Dios del Fuego.- 11.El Perfil del Dios Solar.- 12. La Fecha "13 Caña.".- 13. La Faja del Cielo.- 14. Objeto del "Calendario Azteca."-Citas y anotaciones.

BONILLA, JOSÉ A. Y

Véase Árbol y Bonilla, José.

BOUQUET DE LA GRYE, A.

Ondas atmosféricas lunares. Traducción del francés. (Bol. Observ. Astr. N. de Tac., t. 1, p. 271-277, México, 1890-97).

La Rotación del Planeta Venus. Traducción del Francés por Benjamín Anguiano. (Bol. Observ. Astr. N. de Tac., t. 1, p. 262-266, México, 1890-97).

BOWIE, WILLIAM

La Importancia de la Astronomía en las triangulaciones. (Rev. Soc. Est. Astr. y Geof., v. 2, p. 59-64, México, 1930).

BRAMBILA, JOSÉ ABUNDIO

El Cuadrante solar. Estudio sobre el Gnomon, su clasificación, utilidad, construcción reducida a la mayor sencillez, y manera de servirse de él para conocer las horas de la noche a la luz de la luna. (En Anuario del Observatorio Astronómico Nacional de Tacubaya para el año de 1890, México, 1889, 16.5 cm., p. 74-86).
El Paso de Venus. (La Gacetilla, suplemento al n. 18, León, Gto., 10 diciembre 1882).

BRIBIESCA, PALEMÓN

La Gravitación y algunas de sus consecuencias físicas. Teoría de los Cometas.-México. Tip. Literaria de Filomeno Mata. 1889.-23 p. 22 cm.
Temas principales que desea presentar a la deliberación de todos los hombres eminentes en las ciencias físicas y astronómicas.-Matehuala, Tip. de "El Progreso," 1909.-(2), 8 p. 20.5 cm.

Los temas que presenta se refieren a asuntos astronómicos y meteorológicos, asegurando el autor no ser astrónomo ni físico, sino solamente aficionado a las ciencias.

BULNES, FRANCISCO

Sobre el Hemisferio Norte Once Mil Leguas. Impresiones de Viaje a Cuba, los Estados Unidos, el Japón, China, Cochinchina, Egipto y Europa por Francisco Bulnes. Historiógrafo de la Comisión Mexicana enviada al Japón por el Supremo Gobierno para observar el tránsito de Venus por el disco del Sol.- México, Imp. de la Revista Universal, 1875.-283, (2) p. 22.5 cm.

C

CABRERA, FLORENCIO

Aurora boreal. Informe presentado a la Junta Auxiliar de San Luis Potosí. (Bol. Soc. Mex. Geogr. y Est., 2a. ép., t. 4, p. 369-371, México, 1872).

CABRERA, JOSÉ MARÍA, Pbro.

Los Cometas. (La Ilustración Mexicana, v. 4, p. 627-631, México, 1852).

CAMIÑA, CAYETANO, Ing.

Véase Mazatlán.- Observatorio Astronómico y Meteorológico.

CAMPBELL, W. W.

El Espectro de Nova Aurigae. (En Anuario del Observatorio Astronómico Nacional de Tacubaya para el año de 1894, México, 17 cm., p. 165-197).

CAÑETE, J. ZEFERINO, Pbro.

Cronología elemental.- Puebla, Imp. por F. Castillo, 1876.- (5), 42 p. 18.5 cm.

CAPELLETI, ENRIQUE M., S. J.

Apuntes de Astronomía Elemental o Cosmografía ilustrados con 207 figuras y dedicados a la juventud estudiosa.- Puebla de los Ángeles, Imp. del Colegio Pío de Artes y Oficios, 1887.-301 p. 1 lám, ilustr. 22 cm.

Contiene: Introducción.- Nociones preliminares.- Lib. 1o. De las estrellas.- Lib. 2o. De la Tierra.- Lib. 3o. del Sol.- Lib. 4o. De la Luna.- Lib. 5o. De los planetas.

CARMONA, M. S. DE, Ing.

La organización Cometaria del Universo. Una Nueva Teoría Cosmogónica.-S. p. i.-68 p. 23.5 cm.

Indice: Introducción. El Descubrimiento de Copérnico.- Cap. 1o. La Teoría de Laplace.- Cap. 2o. Principales objeciones de la Teoría de Laplace, no contestadas por ella o solamente de manera poco satisfactoria.- Cap. 3o. Sobre algunos casos excluidos de la Teoría de Laplace. Los Cometas.- Cap. 4o. Explicación de otros fenómenos cometarios.- Cap. 5o. Nuestra Teoría sobre la Organización Cometaria del Universo.- Cap. 6o. Continuación del anterior.- Cap. 7o. Explicación de algunas dudas que pueden ocurrir en relación con nuestra teoría y exposición de algunos hechos que la confirman.

CASO, ALFONSO, Abog.

Las Medidas del Calendario Azteca. (Rev. Mex. de Est. Hist., t. 2, p. 128-137, 2 láms., México, 1928).

CASTAÑEDA, DANIEL y MENDOZA, VICENTE I.

Cuatro Constelaciones Eclípticas en las Culturas Precortesianas. Ensayo e Interpretación de Cuatro Esquemas Estelares de Fray Bernardino de Sahagún. Trabajo presentado al Primer Congreso Mexicano de Historia que se celebrará en la ciudad de Oaxaca el mes de noviembre de 1933. México, Imp. del Museo Nacional de Arqueología, Historia y Etnografía, 1933.-16 p. 5 láms. 27 cm.

CASTAÑOS, GABRIEL, Ing.

Véase Landero, Carlos Fernando de y Castaños, Gabriel.

CASTELLANOS, ABRAHAM, Prof.

La Cronología indiana. (Cap. de la Obra "Los Antiguos Ñusabi"). Conferencia dada por el autor, el 1o. de Agosto de 1911, en el salón respectivo del Museo Nacional. (An. Mus. N. Arq., Hist. y Etnol., t. 3, p. 453-485, 1 lám. ilustr., México, 1911).

El Rayo de luz y la cronología indiana. (En Reseña de la Segunda Sesión del XVII Congreso Internacional de Americanistas, México, 1912, 23 cm., p. 120-133, 2 láms. ilustr.).

CASTELLÓ, SALVADOR

La Comisión Astronómica de México en España. Impresiones sobre el Eclipse Total de Sol.(Revista Positiva, t. 5, p. 490-494, México, 1905).

CASTILLO Y ASTRAIN, ESTHER

El Sistema solar de los antiguos y el sistema solar de los modernos, según los últimos descubrimientos. (Bol. Soc. Astr. Mex., t. 8, p. 541-548, México, 1909).

CONTRERAS, JUAN N., Ing.

Las manchas solares. Memoria presentada a la Sociedad Astronómica Mexicana.- S, p. i., [1903].-4 p. 22.5 cm.

CONTRERAS, MANUEL MARÍA, Ing.

Discurso pronunciado por el Profesor de Física de la Escuela Nacional Preparatoria, en la sesión de la Sociedad de Geografía y Estadística celebrada en honor del Padre Angel Secchi la noche del 26 de Febrero de 1879. (Bol. Soc. Mex. Geogr. y Estad., 3a. ép., t. 4, p. 422-425, México, 1878).

CORDERO, JUAN N., Prof.

De cómo hace Astronomía la Sociedad Astronómica de México. (La Aurora, n. 41, México, 1o. agosto 1908).

CORTÉS, DOLORES, Profa.

La Luna. (En Conferencias científicas de las alumnas de la Escuela Normal para Profesoras en el período del 2 de junio al 28 de julio de 1894, México, 1895, 22.5 cm., p. 71-83).

CORNEJO, IGNACIO

Estrellas Errantes observadas últimamente en México. (Bol. Soc. Mex. Geogr. y Estad., 2a. ép., t. 1, p. 134-139, México,

1869).

COVARRUBIAS, JOSÉ, Ing.

El Sr. Ing. Francisco Díaz Covarrubias. (Rev. Mex. de Ing. y Arq., v. 11, p. 41-48, México, 1933).

CRIVELLI, CAMILO, S. J.

Ensayo para reducir años, meses y días de la Era Gregoriana a la Azteca.- México, Museo Nacional de Arqueología, Historia y Etnología, 1909.-41 p. 1 lám. 28 cm.

Sobretiro de los Anales del Museo Nacional de Arqueología, Historia y Etnología, t. 1, México, 1909.

CH

CHACÓN, JOSÉ MARÍA

Asteroides. (En Anuario del Observatorio Astronómico Nacional de Tacubaya para el año de 1901, México, 1900, 17 cm., p. 204-269).

Incluye un Catálogo de asteroides dividido en dos partes: 1a. Descubridor y fecha del descubrimiento, y 2a. Elementos de pequeños planetas.

Elementos del Cometa Morehouse. (Mem Soc. Cientif. Ant. Alzate, t. 25, p. 289-292, México, 1907).
Método para la formación de efemérides de cometas. (Bol. Observ. Astr. N. de Tac., t. 1, p. 497-513, ilustr., México, 1890-97).

CHAPULTEPEC.- OBSERVATORIO ASTRONÓMICO NACIONAL

Anuario del Observatorio Astronómico de Chapultepec. Por el Ingeniero Angel Anguiano Director del mismo Observatorio.- México, Imp. de Francisco Díaz de León, 1880-82.-3 v. 17 cm.

Comprende los años de 1881 a 1883. Para la continuación véase Tacubaya, Observatorio Astronómico Nacional.

Informe presentado a la Secretaría de Fomento sobre los trabajos científicos y materiales hechos en el Observatorio Astronómico de Chapultepec, hasta el 30 de junio de 1882. (En México.- Secretaría de Fomento, Memoria presentada al Congreso de la Unión, 1877-1882, México, 1885, 29 cm., t. 1, p. 270-280, 2 láms.).

Subscrito por el Ing. D. Angel Anguiano.

Primera Memoria del Observatorio Astronómico Nacional Establecido en Chapultepec comprendiendo los trabajos científicos ejecutados en él desde el día de su instalación, 5 de mayo de 1878, hasta el 31 de diciembre de 1879, presentada a la Secretaría de Fomento por el Ingeniero Angel Anguiano Director de dicho Observatorio.-México, Imp. de Francisco Díaz de León, 1880.-226 p. 23 cm.

Contiene: Introducción.- Telescopio zenital.- Altazimut.- Latitud.- Método mexicano.-Longitud.- Artículo suplementario sobre la longitud.- Tiempo. Cronógrafo.- Coeficiente de refracción.- Metereología.- Conclusión.

Idem. (Anales del Ministerio de Fomento de la República Mexicana, t.3, p. 405-626, México, 1877).

CHAVERO, ALFREDO

Calendario Azteca. (En Biblioteca de Autores Mexicanos, México, 1904, 16.5 cm., t. 52, p. 231-285).

Calendario de Palemque. Signos cronográficos. (An. Mus. N. de Mex. 2a. ép., t. 3, p. 53-96 y 197-236, ilustr., México, 1906).

Calendario de Palemque, los signos de los días. Memoria pre-

sentada al XIII Congreso de Americanistas.(An. Mus. N. de Mex., t. 7, p. 401-416, ilustr., México, 1903).
Palemke Calendar, the Signs of the Days. (En International Congress of Americanists, Thirteenth session, Easton, Pa., 1905, 28 cm., p. 41-65).
Calendario de Palemque. Los signos de las veintenas. (An. Mus. N. de Mex., t. 7, p. 425-440, ilustr., México, 1907).
La Piedra del Sol. Segundo estudio. (An. Mus. N. de Méx., t. 1, p. 353-386, México, 1877).

CHÁVEZ OROZCO, MIGUEL, Ing.

Calendario. (En Anuario del Observatorio Astronómico Nacional de Tacubaya para el año de 1924, Tacubaya, 1923, 19 cm., p. 304-314).
Idem. (En Anuario del Observatorio Astronómico Nacional de Tacubaya para el año de 1925, Tacubaya, 1924, 19 cm., p. 300-310).

Contiene: Generalidades.-Problemas relativos al Calendario Gregoriano.- Fiestas religiosas.-Formulario para el cómputo eclesiástico en el siglo XX.

CHIGNAHUAPAN

OBSERVATORIO URANIA

Anales del Observatorio "Urania."-Valle de Alatriste, Chignahuapan, Puebla, 1909-10.-55 p. ilustr. 22 cm.

Este observatorio, de la propiedad del Prof. D. Elpidio López, fue establecido provisionalmente el 24 de agosto de 1898 y definitivamente el 1o. de enero de 1901. Probablemente desapareció con la Revolución. De su boletín únicamente conocemos cuatro números.

D

DÁVILA PRIETO, JOSÉ DE JESÚS

Nueva hipótesis para explicar el giro de los planetas al derredor del sol, las figuras, oblicuidades e irregularidades de sus órbitas, el movimiento de rotación de los mismos planetas, y algunos otros fenómenos.- [Monterrey], Imp. del gobierno, 1847.-107 p. 15 cm.

DÍAZ, ADOLFO, Ing.

Estabilidad del anteojo de pasos meridianos, montado en el Observatorio Astronómico Central. (An. As. Ing. y Arq. de Méx., t. 2, p. 59-91, México, 1889).
El Gran Ecuatorial. (En Anuario del Observatorio Astronómico Nacional de Tacubaya para el año de 1886, México, 1885, 16.5 cm., p. 197-206).

Refiérese al telescopio del Observatorio de Tacubaya, inaugurado el 26 de febrero de 1885.

DÍAZ, SEVERO, Pbro.

El Decrecimiento de la luz durante el eclipse de Luna del 8 al 9 de Febrero de 1906. (Bol. Soc. Astr. Mex., t. 5, p. 750-753, México, 1906).

El Eclipse de Luna del día 14 en el Observatorio del Seminario. (Boletín Eclesiástico y Científico del Arzobispado de Guadalajara, t. 2, p. 275-280, 1 lám., Guadalajara, 1905).

El Eclipse parcial de Luna del 24 de julio de 1907. (Bol. Soc. Astr. Mex., t. 6, p. 85-88, México, 1907).

Elementos de Astronomía y Meteorología. Lecciones profesadas durante 33 años en varios colegios del estado, tanto particulares como oficiales.- Guadalajara, Casa Edit. Fortino Jaime, 1928.- 420, xii p. 8 láms. ilustr. 17 cm.

> Índice: Introducción.- Libro 1o. *La Tierra.* Cap. 1. Forma y dimensiones de la Tierra.- Libro 2o. *El Sol.*-Cap. 1 Movimiento propio del Sol. Observaciones solares.- Libro 3o. *La Luna.*- Cap. 1. Movimiento y fases de la Luna.- Libro 4o. *Los Planetas.*- Cap. 1. Movimientos aparentes y sistemas del mundo.-Libro 5o. *Las Estrellas.*-Cap. 1. Movimientos aparentes de las estrellas y su distancia a la Tierra.

Nota sobre el eclipse de Luna del 4 de Agosto de 1906. (Bol. Soc. Astr. Mex., t. 5, p. 852-854, México, 1906).

Nota sobre el eclipse de Luna del día 9 de Febrero de 1896. (Bol. Soc. Astr. Mex., t. 5, p. 749-750, México, 1906).

Nuevas ideas acerca de la constitución física del Sol. Exposición de la nueva teoría solar.(Boletín Eclesiástico y Científico del Arzobispado de Guadalajara, t. 1, p. 727-735 y 737-744, Guadalajara, 1904).

Nuevas ideas acerca de la constitución física del Sol. Trabajo presentado a la Sociedad Astronómica de México. (Bol. Soc. Astr. Mex., t. 3, p. 526-537, ilustr., México, 1905).

Idem. (Boletín Eclesiástico y Científico del Arzobispado de Guadalajara, t. 1, p. 364-373 y 391-396, 1 lám., Guadalajara, 1904).

Síntesis teórica de nuestros principales meteoros . Cinco años de observación. (Mem. Soc. Cientif. Ant. Alzate, t. 29, p.

177-189, México, 1909-10).

DÍAZ COVARRUBIAS, FRANCISCO, Ing.

Eclipse solar del 18 de Julio Próximo. (Bol. Soc. Geogr. y Estad., la ép., t. 8, p. 236-240, México, 1860).

Exposición popular del objeto y utilidad de la observación del paso de Venus por el disco del Sol por Francisco Díaz Covarrubias. Observaciones del tránsito de Venus efectuadas en Guadalajara el 6 de Diciembre de 1882 por Carlos F. de Landero y Gabriel Castaños. Ed. de la Sociedad de Ingenieros de Jalisco, 1882.-Guadalajara, Tip. de M. Pérez Lete, 1882.-41 p. 1 lám. 22.5 cm.

Sobretiro del Boletín de la Sociedad de Ingenieros de Jalisco, t. 2, Guadalajara, 1882.

Nuevo medio de medir el movimiento de nuestro sistema planetario. (Anales de la Sociedad Humboldt, t. 1, p. 7-9, México, 1872).

Nuevos métodos astronómicos para determinar la hora, el azimut, la latitud y la longitud geográficas, con entera independencia de medidas angulares absolutas.-México, Imp. del Gobierno, en Palacio, a cargo de José M. Sandoval, 1867.-xiii, 310 p. 23.5 cm.

Contiene: Prólogo.-Cap. 1o. Desarrollo de las fórmulas fundamentales y su aplicación a la determinación del tiempo.-Cap. 2o. Determinación y trazo del meridiano astronómico.-Cap. 3o. Determinación de la latitud.-Cap. 4o. Determinación de la longitud.-Apéndice. Ocultaciones.-Tablas.

Observaciones del tránsito de Venus hechas en el Japón por la Comisión Astronómica Mexicana.-París, Libr. española de E. Denné Schmitz, 1875.-(4), iii, 38 p. 22 cm.

Índice: 1. Organización de la Comisión.-Su viaje al Asia. Establecimiento de los Observatorios mexicanos en el Japón.-2. Posición relativa de las dos estaciones mexicanas.-3. Observaciones de tiempo y de latitud.-4. Observaciones de longitud.-5. Observaciones del tránsito de Venus.-6. Fotografías del tránsito.

Pares de estrellas para la determinación de la hora por el "Método mexicano de alturas iguales," con expresión de la distancia zenital común y del azimut de cada estrella en el instante de la altura igual simultánea. Los cálculos están hechos para la latitud de México. (Anales del Ministerio de Fomento de la República Mexicana, t. 4, p. 387-395, México, 1881).

Idem. (En anuario del Observatorio Astronómico de Chapultepec para el año de 1881, México, 1880, 17 cm., p. 211-223).

Recherches relatives a l'influence de la chaleur solaire sur la figure générale de la Terre.-Paris, Imp. Brevetée Charles Blot, 1881.-(4), 56 p. 23.5 cm.

Idem. (Anales del Ministerio de Fomento de la República Mexicana, t. 7, p. 462-523, México, 1882).

Indice: Introducción.-Établissement de la théorie.-Mesures géodésiques.-Pressions atmosphériques au niveau de la mer.-Couche terrestre de températures constantes.-Oscillations diurnes et réguliéres de la pression atmosphérique.

Relación entre las manchas del Sol y la epidemia del chólera-morbus. (Anales de la Sociedad Humboldt, t. 2, p. 253-255, México, 1873).

Tratado de Topografía y de Geodesia con los primeros elementos de Astronomía práctica. -México, Imp. del Gobierno, en Palacio, a cargo de José María Sandoval, 1868-69.-2 v. (t. 1, viii, 556 p. 3 láms.; t. 2, 565 p. 1 lám.) 23 cm.

Tratado elemental de Topografía. Tercera ed.,-México, Oficina Tip. de la Secretaría de Fomento, 1896-99.-2 v. (t. 1, xv, 657,

57, x p. 1 lám. ilustr.; t. 2, 689 p.) 23 cm.

Nueva ed. de la obra anterior. Tomo 1, Topografía.-Tomo 2, Geodesia y Astronomía.

Viaje de la Comisión Astronómica Mexicana al Japón para observar el tránsito del planeta Venus por el disco del sol el 8 de diciembre de 1874.-México, Imp. Políglota de C. Ramiro y Ponce de León, 1876.-448, (2) p. ilustr. 27.5 cm.

Contiene la crónica del viaje de la Comisión, su estancia en el Japón y las reseñas de sus trabajos, así como también la descripción de dicho país e importantes datos acerca de la vida y las costumbres de sus habitantes.

Formaron la referida Comisión los ingenieros D. Francisco Díaz Covarrubias como jefe, D. Francisco Jiménez segundo astrónomo, D. Manuel Fernández Leal topógrafo y calculador, D. Agustín Barroso calculador y fotógrafo y D. Francisco Bulnes calculador y cronista.

Véase también Jiménez, Francisco y Díaz Covarrubias, Francisco.

DÍAZ DE LEÓN, JESÚS, Médico.

Astronomía microscópica. (Boletín del Comité Nacional Mexicano de la Alianza Científica Universal, t. 1, p. 209-211, México, 1910).

DÍAZ RIVERO, FRANCISCO, Ing.

Apuntes sobre eclipses y Ocultaciones con su aplicación al cálculo de la Longitud Geográfica.-México, Imp. de J. F. Jens, 1893.-(2), 163 p. ilustr. 22 cm.

Contiene: Cap. 1. Preliminares.-Cap. 2. Detalles sobre los eclipses de Sol y de Luna.-Cap. 3. Predicción y observación de los eclipses de Sol.-Cap. 4. Cálculo de las ocultaciones.-Cap. 5. Predicción de los eclipses de Luna.-Cap. 6. Eclipses de Sol para la tierra en general.-Cap. 7. Aplicación de las teorías precedentes a la determinación de la longitud geográfica, según el mismo método de Bessel.-Cap. 8. Aplicaciones.-Cap. 9. Sobre los tránsitos de Venus y Mercurio por el disco del Sol.

E

ECLIPSE COMMITTEE

Report. March 1923.- Princenton, N. J., Published by the Society, 1923.-(2), 7 p. 25 cm. (Publications of the American Astronomical Society).

Formaron el referido Comité los señores W: W: Campbell, Heber D. Curtis, Joaquín Gallo, W. J. Humphreys, Frank B. Littell y S. A. Mitchell.

ESCALANTE, FRANCISCO J.

Los Canales de Marte. (Excelsior, 4 a. sec., México, 24 agosto 1924).

Elementos de Geografía Física. Compilados especialmente para las Escuelas Secundarias y de acuerdo con el programa oficial de la Secretaría de Educación Pública. Primera ed. profusamente ilustrada.-México, Editorial El Escritorio, 1934.-xiv, 204 p. 1 mapa, ilustr. 19.5 cm.

Contiene: Preliminares.-1a. parte. *Cosmografía.* Cap. 1. Nociones preliminares.-Cap. 2. El Universo sideral.-Cap. 3. El Sistema solar.-Cap. 4. Las Leyes de Kepler y la gravitación universal.-Cap. 5. Formación del sistema solar. La Teoría de Laplace y las hipótesis modernadas.-Cap. 6. Forma y dimensiones de la Tierra.-Cap. 7. Principales movimientos de la Tierra.-Cap. 8. El Sistema Tierra-Luna.-Cap. 9. El Problema del punto. Coordenadas geográficas.-Cap. 10. El Problema de las proyecciones.

Los futuros Eclipses totales de Sol en la República Mexicana. (Bol. Soc. Astr. Mex., año 18, p. 29-33, México, 1919).

La Nebulosa de Orión. (Bol. Soc. Astr. Mex., año 18, p. 1-4 y 9-13, México, 1919).

La "Nova Aquilae número 3." (Bol. Soc. Astr. Mex., año 17, p. 48-55, México, 1918).

ESCOBAR SALMERÓN Y CASTRO, JOSÉ DE, Médico.

Discurso cometalógico, y relación del nuevo Cometa: Visto en aqueste Hemispherio Mexicano, y generalmente en todo el mundo: el año de 1680 y extinguido en este de 81: Observado, y Regulado en este mismo Horizonte de México: Dedicado, y Consagrado al gloriosissimo Patriarcha San Joseph, Esposo de Nuestra Señora, y amantissimo Patrón de esta Nueva-España. Con licencia.-México, por la Viuda de Bernardo Calderón, 1681.-(4), 24 f. 4o.

Beristáin, refiriéndose a esta obra, dice: "D. Carlos de Sigüenza y Góngora, contra quien se escribió esta disertación, no quiso responder a ella, y se contentó con decir contestando al P. Kino: "No hallo digna de respuesta la espantosa proposición de que dicho Cometa se formó de las exalhaciones de los cuerpos muertos y del sudor humano."

EVELINO, GASPAR JUAN

Especulación astrológica, y physica de la naturaleza de los cometas y juizio del qve este año de 1682. Se ve en todo el Mundo. M. M. S. D. C. C. Con licencia.- México, por la Viuda de Bernardo Calderón, 1682.- (8) p. 20 cm.

F

F. A. R.

Una armonía Celeste o resolución de varios problemas fundamentales de Astronomía, Cronología e Historia.-Saltillo, s. y., 1883.-8o.

Cat. Gral. de las Obras que contiene la Bibl. del Museo N. de Arq., Hist. y Etnol., México, 1911, p. 143.

FERNÁNDEZ, LEANDRO, Ing.

Informe sobre la observación del paso de Mercurio por el disco del Sol. Noviembre 7 de 1881. (An. Min. Fom. Rep. Mex., t. 7, p. 262-264, México, 1882).

Véase también México.-Observatorio Astronómico Central.

FERNÁNDEZ, VICENTE, Ing.

Las estrellas fugaces del 23 de Noviembre de 1892. (Bol. Soc. Cientif. Ant. Alzate, t. 6, p. 157-162, México, 1892).

FERNÁNDEZ DEL CASTILLO, FRANCISCO

Memoria leída en la Sociedad Mexicana de Geografía y Estadística en la noche de su recepción, Jueves 22 de Noviembre de 1906. Concordancia entre los calendarios náhuatl y romano. Con fórmulas breves y sencillas para reducir unos años a otros. Nueva interpretación de algunos signos numerales.- México, Imp. de Arturo García Cubas Sucesores Hermanos, 1907.-42 p. 3 láms. 22.5 cm.

Primera parte. Sobretiro del Boletín de la Sociedad de Geografía y Estadística de la República Mexicana, 5a. ép., t. 2, México, 1907.

Tablas de correspondencia entre los años del calendario azteca y los del calendario común. (En Fernández de Echeverría y Veytia, Mariano, *Los Calendarios Mexicanos*, México, 1907, 52.5 cm., p. 61-62).

FERNÁNDEZ DE ECHEVERRÍA Y VEYTIA, MARIANO

Los Calendarios Mexicanos. Ed. del Museo Nacional de México.- México, Imp. y Taller de Fotograb. del Museo Nacional, 1907.- (4), xii, 63 (por 57) p. 9 láms. 52.5 cm.

Contiene: Introducción por el Lic. D. Genaro García.-Cap. 1. Situación de la Nueba España, venida de sus primeros pobladores, y noticias, que alcanzaron de la creación del Mundo.-Cap. 2. De la noticia que alcanzaron del Diluvio y Torre de Babel, y confusión de lenguas, y de las siete familias del idioma nahuatl, que vinieron a poblar estas Regiones.-Cap. 3. Dase noticia de dos memorables subcesos, que fueron el Origen de dos fábulas.-Cap. 4. De la Junta que hicieron para la corrección de su Kalendario, y enmienda de los tiempos, y se da noticia de otras dos fábulas que inventaron del Origen del Sol -

y de la Luna.-Cap. 5. Del modo en que repartieron el tiempo, y el sistema, que establecieron para contar los siglos.-Cap. 6. Del año y sus meses.-Cap. 7. Prosigue la materia del Capítulo anterior.Cap. 8. De las semanas, y sus días.-Cap. 9. Prosigue la materia del Capítulo anterior, y se manifiestan los errores en que han incurrido nuestros Escriptores, y los motivos de ellos.-Cap. 10. De los Bissextos.-Cap. 11 De las otras tres maneras de Kalendarios de que usaban los Indios.-Tablas de correspondencia entre los años del Calendario azteca y los del Calendario Común, por D. Francisco Fernández del Castillo.

FLAMMARION, CAMILLE

Los mundos imaginarios y los Mundos reales. Viaje pintoresco al cielo y Revista crítica de las Teorías humanas o científicas y romanescas, antiguas y modernas sobre los habitantes de los astros. Ed. de "El Porvenir."-México, Imp. de El Porvenir, dirigida por J. Batiza, 1874.-812 p. 17.5 cm.

FREJES, FRANCISCO, O. F. M.

Elementos de Cosmografía y Geografía.

Valverde Téllez, *Bibl. Filosof. Mex.*, León, 1913, t. 2, p. 381.

FULCHERI Y PIETRASANTA, MANUEL, Ob. de Zamora.

Los Progresos de la Astronomía en 1912. (Bol. Soc. Astr. Mex., t. 12, n. 130 y 131, México, 1913).

G

GALINDO Y VILLA, JESÚS

Las Deidades Astronómicas de los Nahuas. (Bol. Soc. Astr. Mex., t. 3, p. 282-287, México, 1904).
Elogio del Sr. Prof. D. Luis G. León. (Sociedad Científica "Antonio Alzate," Rev. Cientif. Bibliogr., t. 33, p. 51-59, México, 1914).
El Observatorio astronómico "Francisco Díaz Covarrubias." Algunas noticias y descripción del edificio. Notas biográficas de aquél eminente astrónomo mexicano. (En El Tercer Aniversario de la fundación de la Sociedad Astronómica de México, México, 1905, 20 cm., p. 5-15).
Oración fúnebre pronunciada por su autor en la Velada que la Sociedad Astronómica organizó en memoria del Prof. Luis G. León. (Bol. Soc. Astr. Mex., t. 12, p. 97-107, México, 1913).

GALLO, JOAQUÍN, Ing.

El Asteroide Eros. (Universidad de México, t. 1, p. 333-335, México, 1931).
La astronomía en el año de 1931. (Universidad de México, t. 3, p. 340-344, México, 1932).

Trata de los fenómenos observados y los descubrimientos realizados en el referido período.

El Calendario Maya y la Astronomía. (Universidad de México, t. 6, p. 52-67, México, 1933).
Idem. (En Anuario del Observatorio Astronómico Nacional de Tacubaya para el año de 1934, Tacubaya, 1933, 20.5 cm., p. 269-284).
Carta Lunar.-Tacubaya, D. F., s. i., 1935.-(2), 8 p. 1 carta 19.5 cm. (Observatorio Astronómico Nacional de Tacubaya, Universidad Nacional de México).

> Texto de la Carta lunar dibujada por el Ing. D. Alfonso Vaca Alatorre y publicada por el Observatorio de Tacubaya en una hoja de 45.5 x 32.5 cm.

La determinación de la Hora. (En anuario del Observatorio Astronómico Nacional de Tacubaya para el año de 1918, México, 1917, 21.5 cm., p. 259-265).
Idem. (En anuario del Observatorio Astronómico Nacional de Tacubaya para el año de 1919, México, 1918, 21.5 cm., p. 242-248).
The Eclipse expeditions of the Mexican National Observatory, September 10, 1923. (Popular Astronomy, v. 31, p. 583-586 ilustr., Northfield, Min., 1923).
Las Dimensiones de nuestro Universo. (Universidad de México, t. 1, p. 215-220, México, 1931).
El Eclipse total de Sol del 10 de septiembre de 1923. (Mem. Soc. Cientif. Ant. Alz., t. 37, p. 189-192, 1 cuadro, 1 mapa, México, 1921).
Idem. (En Anuario del Observatorio Astronómico Nacional de Tacubaya para el año de 1922, México, 1921, 19 cm., p. 277-284).
Idem. (En Anuario del Observatorio Astronómico Nacional de Tacubaya para el año de 1923, Tacubaya, 1922, 20.5 cm., p. 293-298, 1 mapa).

Idem. (Rev. Mex. de Ing. y Arq., v. 1, p. 349-356, México, 1923).

Elementos y datos para la observación del fenómeno.

El Eclipse total de Sol del 10 de Septiembre de 1923. (En Anuario del Observatorio Nacional de Tacubaya para el año de 1925, Tacubaya, 1924, 19 cm., p. 311-319, 8 láms.).
Idem. (Rev. Mex. de Ing. y Arq., v. 1, p. 613-626, ilustr., México, 1923).

Resultados de la observación del fenómeno, practicada en Yerbanís, E. de Durango.

Ensayo de determinación de órbitas de estrellas dobles. (Bol. Observ. Ncl., n. 1, p. 13-15, México, 1912).
Idem. (En México.-Secretaría de Fomento, Memoria presentada al Congreso de la Unión, 1910-1911, México, 1912, 30 cm., p. 104-106.
Espectroscopia estelar. (Bol. Soc. Astr. de Mex., t. 13, p. 51-57, México, 1914).
Las Estrellas.-S. p. i. [1930].-30 p. 19.5 cm.

Sobretiro del Anuario Astronómico Nacional de Tacubaya para el año de 1931, Tacubaya, 1930.

Estrellas posiblemente variables en el campo de la nebulosa de Orión. (Universidad de México, t. 2, p. 314-325, México, 1931).
Idem. (Bol. Observ. Astr. Ncl., n. 13, p. 1-6, México, 1931).
Las Leónidas. (Rev. Soc. Est. Astr. y Geof., v. 2, n. 5, p. 87-89, México, 1930).
Las Manchas Solares y las lluvias en la Ciudad de México.-México, Talleres Gráficos de la Nación, 1927.-(2) p. 55-58, 22 cm.

Sobretiro de las Memorias de la Sociedad Científica "Antonio Alzate," t. 47, México, 1927.

Marte. (En Anuario del Observatorio Astronómico Nacional de Tacubaya para el año de 1926, Tacubaya, 1925, 19 cm., p. 251-262, 4 láms.)

Mars.-[San Francisco, Cal.], s. i., 1924.-(2) p. 332-335, 23 cm.

Sobretiro de Publications of the Astronomical Society of the Pacific, v. 36, San Francisco, Cal., 1924.

Las Nebulosas. (En Anuario del Observatorio Astronómico Nacional de Tacubaya para el año de 1932, Tacubaya, 1931, 19 cm., p. 271-287 ilustr.).

Observación de estrellas dobles deducidas de fotografías tomadas con el refractor de 0^m. *33.* (Bol. Observ. Astr. Ncl., n. 2, p. 32-33, México, 1912).

Idem. (En México.-Secretaría de Fomento, Memoria presentada al Congreso de la Unión, 1911-1912, México, 1913, 30 cm., p. 218-220).

La Observación solar. (Bol. Observ. Astr. Ncl., n. 3, p. 47-49, México, 1912).

Observaciones de la hora y las señales horarias. (Bol. Observ. Astr. Nacl., n. 8, p. 1-5, México, 1920).

El Observatorio Astronómico Nacional en su Quincuagésimo Aniversario.-Tacubaya, D. F., s. i., 1928.-28 p. 13 láms. 19.5 cm.

Idem. (En Anuario del Observatorio Astronómico Nacional de Tacubaya para el año de 1929, Tacubaya, 1928, 20.5 cm., p. 277-295, 4 láms.).

Posición geográfica del Observatorio Astronómico de Tacubaya. (Bol. Observ. Astr. Ncl., n. 9, p. 1-4, México, 1927).

Como resultado de las observaciones practicadas, puede estimarse que la longitud del círculo meridiano del Observatorio es de 6 h 36 m 46 s 74 al W, y el promedio para la latitud de 19° 24 m 17 s 94 0 s 0,6.

Report of magnetic observations made by the National Observatory of Mexico during the total solar eclipse of september 10, 1923. (Terrestrial Magnetism and Atmospheric Electricity, v., p. 101-103, Baltimore, 192).

Resultado del Eclipse de Sol del 3 de Febrero de 1916. (Mem. Soc. Cientif. Ant. Alzate, t. 35, p. 165-168, México, 1920).

El sistema Solar (En Anuario del Observatorio Astronómico Nacional de Tacubaya para el año de 1930, Tacubaya, 1929, 20 cm., p. 279-298).

Trabajos geodésicos, astronómicos y meteorológicos llevados a cabo en cien años de vida independiente. (El Demócrata, ed. del Centenario, México, 27 septiembre 1921).

La Unificación de la hora en México. (Bol. Soc. Mex. Geogr. y Estad., 5a ép., t. 7, p. 461-465, México, 1918).

Viaje de un comisionado mexicano al Observatorio de Yerkes. Informe presentado al director del Observatorio astronómico Nacional. (Boletín de la Secretaría de Fomento, 2a. ép., año 5, sec. 4, p. 60-75, México, 1906).

Véase también Tacubaya.-Observatorio Astronómico Nacional.

GAMA, VALENTÍN, Ing.

Algunas observaciones sobre el método de Laplace para la determinación de las órbitas de los cometas y aplicación del mismo al cometa Cerulli (Faye) observado en su posición en 1910 y al Kiess (1911).-México, Imp. y Fototip. de la Secretaría de Fomento, 1911.-(2), p. 341-373, y lám., gráfics. 23 cm.

Sobretiro de las Memorias de la Sociedad Científica "Antonio Alzate, t. 31, México, 1911.

Idem. (En México.-*Secretaría de Fomento, Memoria presentada al Congreso de la Unión, 1910-1911*, México, 1912, 30 cm., p. 111-124, 1 lám., gráfics.).

De la determinación de las coordenadas ecuatoriales de las estrellas por medio de la fotografía. (Anales de la Academia Mexicana de Ciencias Exactas, Físicas y Naturales correspondiente de la Real de Madrid, t. 1, p. 351-401, 1909).

Del cálculo de la órbita de un cometa nuevamente descubierto. (Bol. Soc. Astr. Mex., t. 9, p. 230-234 y 277-282 y t. 10, p. 332-336, 358-361, 378-382 y 411-412, México, 1910-11).

Discurso pronunciado en la velada que las sociedades Mexicanas de Geografía y Estadística y Científica "Antonio Alzate," celebraron el 29 de diciembre de 1921 en honor del Sr. Ing. D. Ángel Anguiano. (Mem. Soc. Cientif. Ant. Alzate, t. 41, p. 327-342, retr., México, 1922).

Eclipses y Ocultaciones.-México, secretaría de Educación Pública, Talleres Gráficos de la Nación, 1921.-(2), p. 339-377, 18 láms. 23 cm.

Primera parte. Consideraciones generales acerca de los eclipses. Método gráfico para su predicción.
Sobretiro de las Memorias de la Sociedad Científica "Antonio Alzate," t. 35, México, 1920.

Eclipses y Ocultaciones. Segunda parte. Método analítico para la predicción de los eclipses. (Mem. Soc. Cientif. Ant. Alzate, t. 41, p. 303-325, 6 gráfics., 1 mapa, 2 estados, México, 1922).

Estudio de la obra de Newton en la Mecánica y en la Astronomía. (Rev. Mex. Ing. y Arq., v. 5, p. 313-329, México, 1927).

Latitud del Observatorio. (Bol. Observ. Astr. Nacl., n. 4, p. 103-142, 4 láms., México, 1914).

El resultado de la latitud del poste del Círculo Meridiano del Observatorio de Tacubaya fue de: 19° 24' 17" 90.

Método breve para deducir la posición de un astro contenido en una placa fotográfica. (Bol. Observ. Astr. Nacl., n. 2, p. 30-31, México, 1912).

La Observación solar. (Bol. Observ. Astr. Nacl. n. 2, p. 17-20, México, 1912).

Los Progresos de la Astronomía. (Bol. Soc. Astr. Mex., t. 10, p. 326-330 y 341-343, México, 1911).

Teoría de las Ocultaciones de Estrellas. Método gráfico para su predicción. Su aplicación a la determinación de las longitudes y de las correcciones de las coordenadas de la Luna.-México, Imp. y Fototip. de la Secretaría de Fomento, 1910.-(2), p. 297-342, 1 lám., gráficas. 23 cm.

Sobretiro de las Memorias de la Sociedad Científica "Antonio Alzate." t. 31, México, 1911.

Véase también Tacubaya.-Observatorio Astronómico Nacional.

GARCÍA, ALEJO, O. P.

Kalendarium perpetuum.-México, 1579.

"Debió de salir a la luz antes de 1579, fecha de la muerte de su autor," dice Medina en *La Imprenta en México*, Santiago de Chile, 1912, t. 1, p. 376.

GARCÍA, CARMEN O.

Los Orígenes de la Astronomía. (Bol. Soc. Astr. Mex., t. 3, p. 435-441, México, 1904).

GARCÍA, RUBÉN, Corl.

Bibliografía razonada del Calendario Azteca. (An. Mus. N. Arq., Hist. y Etnol., 5a. ép., t. 1, p. 113-148, México, 1934).

GARCÍA CUBAS, ANTONIO, Ing.

Discurso pronunciado en la sesión de la Sociedad de Geografía y Estadística, celebrada en honor de Quetelet, la noche del 25 de julio de 1874. (Bol. Soc. Mex. Geogr. y Estad., 3a. ép., t. 4, p. 175-190, México, 1878).
El Paso de Venus por el disco del Sol. (Anales de la Sociedad Humboldt, t. 2, p. 346-359, México, 1873).

GARCÍA DE PALACIO, DIEGO

Instrucción Navthica, para el bven Vso, y regimiento de las Naos, su traça y gouierno conforme a la altura de México. Dirigido, al Excellentissimo Señor Don Aluaro Manrrique, de Zuñiga, Marqués de Villa manrrique, Virrey, Gouernador, y Capitan general destos Reynos. Con licencia.-México, en casa de Pedro Ocharte, 1587.-(4), 156 f. 4o.

Citada por Medina en *La Imprenta en México*, Santiago de Chile, 1912, t. 1, p. 279.

GARCÍA PIMENTEL, JOAQUÍN

Newton y Halley. Trabajo leído en la Conmemoración del Segundo Centenario de la muerta de Newton bajo los auspicios de la Asociación de Ingenieros y Arquitectos de México y la Sociedad Científica Antonio Alzate, el nueve de mayo de mil novecientos veintisiete. (Rev. Mex. de Ing. y Arq., v. 5, p. 385-390, México, 1927).

GARCÍA SÁNCHEZ, LUZ, Profa.

La Tierra y sus principales aspectos. (En Conferencias científicas de las alumnas de la Escuela Normal para Profesora en el período del 4 de junio a 30 de julio de 1892, México, 1893, 22.5 cm., p. 149-162).

GARCÍA DE LA VEGA, JOSÉ ANTONIO

El Piscator de Nueva España. Explicación del Eclipse de Sol que ha de verse el día 25 de Agosto de 1756, y sus efectos.- [México], s. i., 1756.-2 f. 4o.

Medina, *La Imprenta en México*, Santiago de Chile, 1912, t. 1, p. 265.

GARZA, PEDRO Ing.

La Leyes de Kepler. (En Anuario del Observatorio Astronómico Nacional de Tacubaya para el año de 1887, México, 1886, 17 cm., p. 67-130).

GARRIDO, ISAURO MANUEL

Tratado teórico descriptivo de la Astronomía. (La Idea, n. 4, 6, 7 y 8, Toluca, 1892).

GASCA, JESÚS

El Cometa de Halley en 1910. Estudio sometido al juicio de la Sociedad Científica "Antonio Alzate" y de la Sociedad Astronómica de México. (Sociedad Científica "Antonio Alzate," Rev. Cientif. y Bibliogr., t. 30, p. 46-70, ilustr., México, 1910).

Este estudio fue refutado por el Ing. D. Sotero Prieto.

Imágenes hiperbólicas. Nueva teoría del anteojo de Galileo. (Mem. Soc. Cientif. Ant. Alzate, t. 22, p. 187-191, México, 1904).

GIL Y SAENZ, MANUEL, Pbro.

Opúsculo sobre mundos habitados ante la Iglesia Católica.-San Juan Bautista, Tip. "Juventud Tabasqueña" de Ghigliazza y Trujillo, 1884.-68 p. 8o.

Santa María, Francisco J.-*Bibliografía General de Tabasco,* México, 1930, t. 1, p. 265.

GONZÁLEZ, CAMILO A., Ing.

Sala Meridiana. Círculo meridiano considerado como círculo mural. (Bol. Observ. Astr. N. de Tac., t. 1, p. 105-108, México, 1890-97).

Véase también Valle, Felipe y González, Camilo A.

GONZÁLEZ, LUIS E., Ing.

Introducción General de la Teoría Universal de los Fenómenos Naturales. (Rev. Soc. Est. Astr. y Geof., v. 1, n. 3, p. 31-36, México, 1929).

Teoría Universal de los Fenómenos Naturales.(Rev. Soc. Est. Astr. y Geof., v. 3, n. 1, p. 1-15, México, 1931).

Contiene: 1. El Espacio.-2. El Éter elemental.-3. El Éter primario.-4. El Éter propiamente tal.-5. La Evolución de la naturaleza.-6. Teoría general de la gravitación de la materia.-7. Aplicación de la teoría general de la gravitación al sistema planetario.

GONZÁLEZ, N., Ing.

Véase Mazatlán.-Observatorio Astronómico y Meteorológico.

GONZÁLEZ, PEDRO

El Calendario. La teoría de su formación, el año actual y los venideros. Publicado en el n 11, Tomo IV, del "Boletín del Museo."-México, Imp. del Museo N. de Arqueología, Historia y Etnología, 1912.-7 p. 1 lám. 28 cm.
Idem. (Bol. Soc. Mex. Geogr. y Estad., 5a. ép., t. 5, p. 349-354, 1 lám., México, 1912).
El Calendario Azteca o la Piedra del Sol. (Bol. Mus. N. Arq., Hist. y Etnol., p. 79-99, 1 lám., México, 1911).
¿Cuándo termina el siglo XIX?.-Valle de Santiago, 1899.

GONZÁLEZ GARCÍA, CLOTILDE, Profa.

El astrónomo John Gottfried Galle. (Bol. Soc. Astr. Mex., t. 8, p. 590-594, México, 1909).
El Eclipse total de Sol del 17 de abril de 1912.(Bol. Soc. Astr. Mex., t. 11, p. 151-156, México, 1912).
Las Masas de los planetas y las distancias de éstas al Sol. (Bol. Soc. Astr. Mex., t. 8, p. 488-492, México, 1909).
Los planetas Júpiter y Saturno. (En Sociedad Astronómica de México, Conferencias del Curso Popular de Astronomía , México, 1912, 22 cm., p. 127-139, ilustr.).

GONZÁLEZ GARCÍA, ISABEL, Profa.

Los Astrónomos alemanes Enrique Kreutz y Herman Vogel. (Bol. Soc. Astr. Méx., t. 6, p. 109-114, México, 1907).

El Cometa Giacobini. (Bol. Soc. Astr. Mex., t. 5, p. 733-735, México, 1906).

El Eclipse total de Sol del 28 de abril de 1911.(Bol. Soc. Astr. Mex., t. 10, p. 339-344, 1 lám., México, 1911).

Eclipses de Sol. (En Conferencias científicas de las alumnas de la Escuela Normal para Profesoras en el período del 2 de junio al 28 de julio de 1900, México, 1901, 22 cm., p. 73-83).

En memoria de Mr. Paul Henry. (Bol. Soc. Astr. Mex., t. 4, p. 547-550, México, 1905).

Los Fenómenos astronómicos y la medida del tiempo. (Bol. Soc. Astr. Mex., t. 11, p. 174-178 y 185-188, México, 1912).

La Masa de los Planetas. (Bol. Soc. Astr. Mex., t. 11, p. 61-66, México, 1912).

La Medida del Tiempo. (Bol. Soc. Astr. Mex., t. 12, p. 130-131 y 174-175, México, 1913).

Las Piedras que caen del Cielo. (Bol. Soc. Astr. Mex., t. 3, p. 335-336 y 355-357, México, 1904).

El Planeta Venus en 1906. (Bol. Soc. Astr. Mex., t. 5, p. 883-889, México, 1905).

El Satélite de la Tierra. (En Sociedad Astronómica de México, Conferencias del curso Popular de Astronomía, México, 1912, 22 cm., p. 45-64, ilustr.).

GONZÁLEZ Y GARCÍA, REFUGIO, Profa.

La Tierra en el Espacio. (En Conferencias científicas de las alumnas de la Escuela Normal para Profesoras en el período del 5 de junio al 31 de julio de 1897, México, 1898, 22.5 cm., p. 81-90).

GONZÁLEZ DE LEÓN, DOLORES, Profa.

El Asteroide "Alinda DB 1918." (Bol. Soc. Astr. Mex., año 17, p. 63-67, México, 1918).

GONZÁLEZ SOLANO, LUIS

Phenomeno examinado discvrso del aparecido metheoro a veinte y seis de Febrero de este presente año de 1702. Con licencia de los Superiores.- México, Imp. de los Herederos de la Viuda de Bernardo Calderón, 1702.-4 f. 4o.

Medina, *La Imp. en México*, t. 3, p. 335. Alude a un meteoro que se vio en la ciudad de México a las ocho de la noche de la fecha indicada.

GORCZYÑSKI, LADISLAS

Algunas características de la intensidad de la radiación solar en el Valle de México según las medidas practicadas en el Observatorio Astronómico de Tacubaya. (Bol. Observ. Astr. Tac., n. 10, p. 1-17, México, 1927).
Breve reseña sobre observaciones de radiación solar y aparatos termoeléctricos registradores. Importancia de su estudio en la República Mexicana.- Tacubaya, D. F. México, Imp. de la Dirección de Estudios Geográficos y Climatológicos, 1926.-18 p. 1 tabla 23 cm. (Secretaría de Agricultura y Fomento, Dirección de Estudios Geográficos y Climatológicos).
Radiación solar en México. Importancia de su estudio e instrumentos para las medidas actinométricas.- México, Talleres Gráficos de la Nación, 1929.-(2), p. 63-94, 9 láms. 22 cm. (Sociedad Científica "Antonio Alzate").

Sobretiro de las Memorias de la Sociedad Científica "Antonio Alzate," t. 49, México, 1928.

GUADALAJARA.- OBSERVATORIO DEL SEMINARIO CONCILIAR

Boletín Mensual del Observatorio del Seminario Conciliar de Guadalajara, Jal., México. Volumen I.- Guadalajara, Tip. Católica de A. Zavala, 1905.-21 cm.

GUERRA MIGUEL DE LA, O. F. M.

Arte de Conjunción. Reglas ciertas, y seguras para saber cada mes el día de Conjunción natural por la cuenta de la Epacta. Por el R. P..., del Orden de N. S. P. San Francisco, Lector Jubilado, Dr. Theólogo, Examinador Synodal de la Metrópoli de Santo Domingo, y Obispado de Puerto Rico; Revisor por el Sto. Oficio del Tribunal de Cartagena, y Definidor de su Provincia de Santa Cruz, y Caracas. Quien lo dispuso para el P. Fr. Diego Rendón Sarmiento, Procurador de Corte de la dicha Provincia. A quien lo dedica, y saca a luz el Lic. D. Thomás Pimentel. Con licencia de los superiores- México, Imp. de el Nuevo Rezado de Doña María de Rivera, 1751.-(5), 50, 7 p. 8o.

Medina, *La Imprenta en México*, t. 8, p. 347.

GUTIÉRREZ, MANUEL M.

Véase Jalapa.- Observatorio Meteorológico del Estado.

H

HAGAR, STANSBURY

The Celestial Plan of Teotihuacan. (En Reseña de la Segunda Sesión del XVII Congreso Internacional de Americanistas, México, 1912, 23 cm., 160-172, 2 láms.).

Zodiacal Symbolism of the Mexican and Maya Months and Day Signs. (En reseña de la Segunda Sesión del XVII Congreso Internacional de Americanistas, México, 1912, 23 cm., p. 140-159, 4 láms.).

HAUËT, GASTON

El Eclipse de Luna del 11 de Abril de 1903. Traducción del francés por Luis G. León.-México, Imp. de Eduardo Dublán, 1903.-8 p. 1 lám. 19 cm. (Sociedad Astronómica de México).

HENNING, PAUL

Estudio sobre la fecha "4 Ahau" y la cronología basada en ella, Escrito con motivo de la desobstrucción de la antigua Teotihuacán. (An. Mus. N. Hist., Arq. y Etnol., t. 1, p. 25-47, 1 lám., México, 1909).

HEREDIA, GUSTAVO, S. J.

Actividad solar durante el período de máxima. Enero-Octubre de 1905.- Puebla, Imp. Modernista, s. a.-(8) p. 1 lám. 24 cm. (Observatorio Astronómico del Colegio Católico del Sagrado Corazón de Jesús).
Oposición del Planeta "Marte" en el mes de Julio de 1907.- Puebla, Imp. Modernista, s. a.-(4), p. 1 lám. 2.3 cm. (Observatorio Astronómico del Colegio Católico del Sagrado Corazón de Jesús).
Idem. (Sociedad Científica "Antonio Alzate," Rev. Cientif. y Bibl., t. 26, p. 14-15, México, 1907).
Las Rayas de emisión en el espectro Lirae durante el período de mínima principal. (Mem. Soc. Cientif. Ant. Alzate, t. 23, p. 5-8, México, 1905).

HERNÁNDEZ, JESÚS.

El Cometa "Merehouse." (An. Observ. "Urania," p. 9-11, Chignahuapan, 1909).
El Primer Cometa de 1910. (An. Observ. "Urania," p. 40-45, Chignahuapan, 1910).
La Ultima Oposición de Marte. (An. Obser. "Urania," p. 17-23, Chignahuapan. 1910).

HERNÁNDEZ Y DÁVALOS, JUAN E.

Almanaque para los años pasados y futuros. Obra útil para las indagaciones cronológicas, históricas y civiles destinadas a sustituir los calendarios que se renuevan cada año. Biblioteca de "El Sistema Postal." México, Impr. en la calle de Jesús María Núm. 4, 1877.- xi, 548 p. 15 cm.

Anónimo.

Calendario para 1890 y los años siguientes hasta el 2.200 con el santoral de Galván. Obra útil para las indagaciones cronológicas, hisótricas y civiles destinadas a sustituir los calendarios que se renuevan cada año.- México, Imp. de "El Partido Liberal," 1889.-(2), ix, 548 p. 15 cm.

Segunda edición del Almanaque anterior.

HERCSHEL, JOHN

Grandes descubrimientos astronómicos hechos últimamente en el Cabo de Buena Esperanza. Suplemento al Periódico Científico de Edimburgo. Traducido del inglés al español por J. R. Pacheco. Segunda ed.- México, Imp. por Ignacio Cumplido, 1835.-40 p. 20 cm.

HERRERA Y PIÑA, JUAN
Arz. de Monterrey

Los Progresos de la Astronomía. Discurso leído en la Asamblea General del 7 de diciembre de 1904. (Bol. Soc. Astr. Mex., t. 3, p. 447-453, México, 1905).

HOLDEN, EDWARD S.

Nota hisótrica relativa a las investigaciones sobre el planeta Neptuno hechas en Inglaterra en 1845-1846. (Bol. Observ. Astr. N. de Tac., t. 1, p. 145-146, México, 1890-97).

HUMBOLDT, ALEXANDER VON

Cosmos, o ensayo de una descripción física del mundo. Traducido al castellano por Francisco Díaz Quintero.- México, Vicenta García Torres, Editor, 1851-52.-2 v. t. 1, 147, (2) p.; t. 2, 187, iv p.) 27 cm. (Biblioteca Mexicana Popular Económica).

I

ILARREGUI, MIGUEL FRANCISCO

Prognostivo, y particular Diario, Calculado por D..., Piloto de Altura, y Profesor de Ciencias Mathematicas. Para el Año del Señor de 1753. (Primero después de Bissexto) y Meridiano de la Puebla de los Angeles. Con licencia de los Superiores.- México, Por la Viuda de D. Joseph Bernardo de Hogal, s. a.-(31) p. 15 cm.

Indicaciones astronómicas y meteorológicas.

Piscator Poblano. Explicación de un eclypse de Sol que se verá el día 12 de Marzo de este presente año de 1755. Con el modo de observar ...-México, Viuda de Hogal, 1755.-4 p. 20 cm.

J

JALAPA.- OBSERVATORIO METEREOLÓGICO DEL ESTADO

Informe que el Profesor Manuel M. Gutiérrez, Director del Observatorio Meteorológico del Estado, Rinde al Señor Gobernador del mismo sobre la observación del Eclipse solar total del 28 de Mayo del año actual.- Xalapa-Enríquez, Tip. del Gobierno del Estado, 1900.-37 p. ilstr. 20.5 cm.

JANSSEN, J.

Nota sobre la fotografía del cometa B. de 1881, Obtenida en el Observatorio de Meudon. (En Anuario del Observatorio Astronómico Nacional de Tacubaya para el año de 1884, México, 1883, 17 cm., p. 198-210).

JIMÉNEZ, FRANCISCO, Ing.

Altura del Observatorio del Colegio Militar en Tacubaya (antiguo Arzobispado) sobre el nivel del mar. (Boletín del Ministerio de Fomento, t. 1, p. 138, México, 1877).

El resultado fué de 2339.1 metros.

Carta Celeste proyectada sobre el Horizonte de México en cuatro planisferios que indican la posición de las estrellas en los dos equinoccios y en los dos solsticios. Formada y publicada por acuerdo del secretario de Fomento Vicente Riva Palacio. Nota: la carta va acompañada de un texto explicativo. Faustino Navarro, Ingeniero Civil, dibujó.- México, Lit. de Salazar, 1878.-2 hojas de 89 x 137 cm.

Divídese en cuatro planisferios que indican la posición del cielo en cada uno de los equinoccios y solsticios correspondientes al meridiano de México. El trazo de los meridianos es de 15° en 15° y el de los círculos de declinación de 15° en 15° . En cada planisferio se hallan trazados, además de los círculos horarios y los de declinación de 15° en 15° los dos trópicos de Cáncer y de Capricornio, el primer vertical, el paralelo del cenit de México, el círculo de perpetua aparición y la eclíptica, y separadamente el círculo de perpetua ocultación. En cada una de las hojas se encuentran una escala universal de ascensiones rectas, otra de declinaciones y las de magnitudes de las estrellas, así como otros datos precisos para el uso de la carta.

Carta celeste proyectada sobre el horizonte de México en cuatro planisferios que indican la posición de las estrellas en los dos equinoccios y en los dos solsticios. Formada y publicada por acuerdo del Secretario de Fomento Vicente Riva Palacio. 1878. Texto explicativo.- México, Imp. de Francisco Díaz de León, 1878.-50 p. 1 lám. 23 cm. (Observatorio Astronómico Central).

Contiene: Introducción.-Explicación de la carta celeste.-Proyección de los planisferios.-Tablas.- Escalas universales de ascensiones rectas y declinaciones.- Constelaciones colocadas en la carta celeste.- Nombres de las 88 constelaciones que contienen los planisferios de la carta celeste.- Nombres de las constelaciones consideradas en algunos mapas celestes, y que hacen parte de las 88 de la carta celeste actual.- Lista alfabética de las 88 constelaciones de la carta celeste y nombres de las principales estrellas de cada una.- Estrellas dobles coloreadas más notables.- Algunos problemas gráficos que pueden resolverse en los planisferios de la carta.

Curva meridiana de tiempo medio trazada por observaciones directas en el Observatorio Astronómico Central en México, de septiembre de 1878 a septiembre de 1879.- [México], Lit. de Salazar, s. a.- 2 p. 24.5 cm.
Idem. (En Anuario del Observatorio Astronómico de Chapultepec para el año de 1881, México, 1880, 17 cm., p. 206-210, 1 cuadro).

Colaboró en el trabajo el Ing. D. Antonio Palafox.

Determinación de la fecha en que se verifica la Pascua de Resurrección como problema astronómico. (Boletín del Ministerio de Fomento, t. 1, p. 150, México, 1877).
Idem. (Bol. Soc. Mex. Geogr. y Estad., 3a. ép., t. 5, p. 272-275, México, 1880).
Discurso leído en la sesión del 25 de julio de 1874, de la Sociedad Mexicana de Geografía y Estadística, dedicada a la memoria del ilustre astrónomo y estadista belga Santiago Adolfo Lamberto Quetelet. (Bol. Soc. Mex. Geogr. y Estad., 3a. ép., t. 4, p. 170-175, México, 1898).
Discurso leído en la sesión del 26 de Febrero de 1879 de la Sociedad de Geografía y Estadística, dedicada a la memoria del ilustre Astrónomo Italiano el Padre Angel Secchi. (Bol. Soc.

Mex. Geogr. y Estad., 3a. ép., t. 4, p. 396-404, México, 1878).

Fórmulas para la formación de tablas de elección de pares de estrellas al Norte y al Sur del zenit, para determinar la latitud de una estación por el método de Talcott. (Boletín del Ministerio de Fomento, t. 3, p. 269, México, 1878).

Pasos de Mercurio y Venus por el disco del Sol, observados en México y California en 1769. (Bol. Soc. Mex. Geogr. y Estad, 2a. ép., t. 4, p. 94-105, 1 lám., México, 1872).

El Telescopio y su poder amplificador. (Anales del Ministerio de Fomento de la República Mexicana, t. 3, p. 115-140, 1 lám., México, 1877).

Teoría sobre la predicción de los eclipses y ocultaciones de estrellas, pasos de Mercurio y Venus por el disco del Sol, y Método para calcular la longitud de un lugar por medio de la observación de un eclipse u ocultación de estrella, Traducido del inglés y aumentado con notas, por Francisco Jiménez.- México, Imp. de Ignacio Cumplido, 1854.-107 p. 22 cm.

La primera parte es obra de Mr. W. S. Woolhouse, ayudante en jefe del Establecimiento del Almanaque Náutico de Inglaterra, y la segunda aparece como anónima.

JIMÉNEZ, FRANCISCO Y ANGUIANO, ÁNGEL

Tabla para hallar los arcos semidiurnos de las estrellas, y por su medio las horas de su orto u ocaso, formada para la latitud de México, 19° 26' 05" N. (Boletín del Ministerio de Fomento, t. 1, . 95-96, México, 1877).

Idem. (En Anuario del Observatorio Astronómico de Chapultepec para el año de 1881, México, 17 cm., p. 139-151).

JIMÉNEZ, FRANCISCO y DÍAZ COVARRUBIAS, FRANCISCO

Dictamen de la Comisión de Astronomía sobre la proposición del Sr. D . J. M. Melgar relativa a la publicación de un nuevo Calendario que esté más en armonía con los fenómenos celestes actuales. (Bol. Soc. Mex. Geogr. y Estad., 3a. ép., t. 1, p. 138-143, México, 1873).

K

KEELER, J. E.

Los movimientos de las Nebulosas planetarias en dirección del rayo visual. Artículo traducido del inglés por Felipe Valle. (En Anuario del Observatorio Astronómico Nacional de Tacubaya para el año de 1892, México, 1891, 17 cm., p. 274-306).

KINO, EUSEBIO FRANCISCO, S. J.

Exposición astronómica de el cometa que el año de 1680, por los meses de Noviembre, y Diziembre, y este año de 1691, por los meses de Enero y Febrero se ha visto en todo el mundo, y le ha observado en la Ciudad de Cádiz. Con licencia.- México, por Francisco Rodríguez Lupercio, 1681.-(8), 28 f. mapa 20 cm.

Contiene: Preliminares.- Cap. 1. Qué linage de criatura sea el Cometa, y quantas las diferencias de su peregrino ser?- Cap. 2. Que el Cometa no fue más que vno, y de el tiempo que duró.- Cap. 3. Del movimiento, y lugar del Cometa.- Cap. 4. Del lugar verdadero, y aparente del Cometa, y de su Paralaxi.- Cap. 5. Qué tanto distó el Cometa de la tierra, según se saca, y deduce de los principios parallácticos.- Cap. 6. Que el Cometa no fue elementar, sino celeste, donde se comprueba con nuevos argumentos la exhorbitante distancia que avia de nosotros a él, numeradas sus leguas, según el cómputo Español.- Cap. 7. De la similitud cotexo, y comparación del Cometa de 1680, y 681, con el del año de 1664, y 65.- Cap. 8. De la Magnitud, y Corpulencia del Cometa, y de la longitud de su cauda, reducida su cantidad a leguas Españolas.- Cap. 9. De la Atmosphera del cuerpo del Cometa, y de qué suerte se forme su cauda; persevere, se varíe, y fenezca.- Cap. 10. De lo que pronostica el Cometa de 1680. y 1681. o qué anuncie próspero, o infeliz amague.

Hablando de esta obra, dice Beristáin: "D. Carlos de Sigüenza y Góngora, de quien se hablará en su lugar, impugnó filosófica y astronómicamente este opúsculo en otro que se intituló: Libra Astronómica a imitación del P. Horacio Crassis, que rotuló así su libro contra Giuducio y Galileo sobre el cometa de 1618. Y por si esta controversia literaria excitase la curiosidad de algún literato europeo, a cuyas manos no hayan llegado tales opúsculos, diré aquí lo que entre otras cosas advirtió el citado Sigüenza a nuestro Kino sobre la inexactitud de sus observaciones: "Que el cometa de los referidos años de 80 y 81 no pudo observarse perfectamente en Europa, así por su gran declinación austral, como por el crepúsculo."

KRUMM-HELLER, ARNOLDO

El Zodiaco de los Incas en comparación con el de los Aztecas. (En Reseña de la Segunda Sesión del XVII Congreso Internacional de Americanistas, México, 1912, 23 cm., p. 173-179, 1 lám.).

KUNIQUE, HUGO

Consideraciones sobre la mitología estelar del México Antiguo. (Rev. Mex. de Est. Hist., t. 2, p. 118-128, 1 lám., México, 1928).

Traducidas del alemán por el Dr. F. K. G. Müllerried.

L

LANDERO, CARLOS FERNANDO DE, Ing.

El aerolito de Atemajac de las Tablas. (En Anuario de la Academia Mexicana de Ciencias Exactas, Físicas y Naturales Correspondiente de la Real de Madrid, México, 1897, 21 cm., año 4, p. 129-150).

Una página de la ciencia. Caridad intelectual. (Mem. Soc. Cientif. Ant. Alzate, t. 46, p. 115-127, 1 lám., México, 1926).

Acerca de los astrónomos franceses Laplace y Biot.

LANDERO, CARLOS FERNANDO Y CASTAÑOS, GABRIEL

Observación del Paso de Venus por el Disco del Sol, el 6 de Diciembre de 1882. (En Díaz Covarrubias, Francisco, *Exposición popular del objeto y utilidad de la observación del paso de Venus por el Disco del Sol*, Guadalajara, 1882, 22.5 cm., p. - , 1 lám.).

Idem. (Boletín de la Sociedad de Ingenieros de Jalisco, t. 2, p. 387-407, 1 lám., Guadalajara, 1882).

LEÓN, LUIS G., Prof.

Algunas aplicaciones de la Fotografía a la Astronomía. Trabajo leído en la sesión del lunes 11 de Mayo de 1902 por el Secretario General.- México, Imp. de Eduardo Dublán, 1902.-15 p. 1 lám. ilustr. 19.5 cm. (Sociedad Astronómica de México).
Algunos consejos a los observadores. (Bol. Soc. Astr. Mex., t. 2, p. 250-254, México, 1904).

Referentes a la observación del Sol.

Anuario Astronómico y Meteorológico para 1903.- México, Libr. de Ch. Bouret, 1903.-105 p. 2 láms. ilustr. 19 cm.
Anuario Astronómico y Meteorológico para 1904.- Segundo año.- México, Libr. de Ch. Bouret, 1904.-105 p. ilustr. 19 cm.
Anuario Astronómico para 1905. Tercer año.- México, Libr. de Ch. Bouret, 1905.-103 p. 2 láms. ilustr. 19 cm.
Aplicaciones de la fotografía a la Astronomía. (En Sociedad Astronómica de México, *Conferencias del Curso Popular de Astronomía*, México, 1912, 22 cm., p. 393-412, ilustr.).
El Astrónomo italiano Pietro Tacchini. (Bol. Soc. Astr. Mex., t. 4, p. 594-596, México, 1905).
Astrónomos profesionales y Astrónomos Aficionados. (En Sociedad Astronómica de México, Tercer aniversario de la fundación de la ..., México, 1905, 20 cm., p. 21-26).
Atlas astronómico de bolsa. 1a. y 2a. partes. Atlas de la Luna. (Bol. Soc. Astr. Mex., t. 3, p. 297-300, 311-315, 337-338, 361-363, 377-378, 389-391, 429-431, 8 láms., México, 1904).

Carta de la Luna con su cartilla explicativa.

Catálogo de Nebulosas y Masas Estelares formado para los aficionados al estudio del cielo.- México, Imp. de Eduardo Dublán,

1903.-27 p. 1 lám. ilustr. 22.5 cm.

El Cometa Brooks, "c, 1911." (Bol. Soc. Astr. Mex., t. 10, p. 473-476 y 494-496, México, 1911).

El Cometa Daniel. (Bol. Soc. Astr. Mex., t. 6, p. 119-126, México, 1907).

El Cometa "Daniel." (Bol. Soc. Astr. Mex., t. 6, p. 101-108, 1 lám., México, 1907).

El Cometa de Halley. (Bol. Soc. Astr. Mex., t. 9, p. 161-169, 1 lám., México, 1910).

El Cometa de Johannesburgo. (Bol. Soc. Astr. Mex., t. 9, p. 150-152, 1 lám., México, 1910).

El Cometa "Morehouse." Trabajo presentado a la Sociedad Mexicana de Geografía y Estadística en la sesión del jueves 22 de octubre de 1908.- México, A. Carranza y Comp. Imprs., 1908.-14 p. 1 lám. 19.5 cm.

Sobretiro del Boletín de la Sociedad Astronómica de México, t. 8, México, 1908.

Idem. (Bol. Soc. Mex. Geogr. y Estad., 5a. ép., t. 3, p. 53-64, 1 lám., México, 1908).

Los Cometas. (Bol. Soc. Astr. Mex., t. 2, p. 187-192, México, 1903).

Los Cometas descubiertos en el año de 1901. Trabajo escrito para los miembros de la Sociedad Astronómica de México.- México, Imp. de A. Carranza e Hijos, 1901.-7 p. 19.5 cm. (Sociedad Astronómica de México).

Los Cometas descubiertos en el año de 1910. Trabajo escrito para los miembros de la Sociedad Astronómica de México.- México, Imp. de A. Carranza e Hijos, 1911.-16 p. ilustr. 19 cm. (Sociedad Astronómica de México).

Contiene: Introducción.- Cometa "a, 1910. "-Cometa"b, 1910-Cometa "c, 1910."-Cometa"d, 1910. "-Cometa "e, 1910).

Los Cometas descubiertos en el año de 1911. Trabajo escrito para los miembros de la Sociedad Astronómica de México.- México, Imp. de A. Carranza e Hijos, 1912.-22 p. ilustr. 19.5 cm. (Sociedad Astronómica de México).

Refiérese a los cometas de Wolf, de Kiess, de Brooks, de Encke, de Borrelly, de Quenisset, de Beliawsky y de Schaumasse.

Idem. (Bol. Soc. Astr. Mex., t. 11, p. 71-82 y 86-92, ilustr., México, 1912).

Idem. (Mem. Soc. Cientif. Ant. Alzate, t. 32, p. 123-129, México, 1915).

Los Cometas descubiertos en el año de 1912. Trabajo escrito para los miembros de la Sociedad Astronómica de México. (Bol. Soc. Astr. Mex., t. 12, p. 52-57, México, 1913).

¿Cómo debe el aficionado a la Astronomía comenzar el estudio del Cielo? (Bol. Soc. Astr. Mex., t. 5, p. 790-902, México, 1906).

¿Cómo debemos comenzar el estudio de la Luna? Apuntes para los aficionados a la Astronomía - México, A. Carranza e Hijos, Imprs., 1909.-12 p. 1 mapa 19 cm.

¿Cómo debemos familiarizarnos con las constelaciones del Norte? (Bol. Soc. Astr. Mex., t. 5, p. 833-840 y 855-856, México, 1906).

¿Cómo medimos el tiempo? (Bol. Soc. Astr. Mex., t. 4, p. 647-652, México, 1905).

¿Cómo puede el aficionado determinar la hora? (Bol. Soc. Astr. Mex., t. 5, p. 814-821, 1 tabla, México, 1906).

Constelación de la Osa Mayor. (Ursa Major). (Bol. Soc. Astr. Mex., t. 9, p. 169-172, 1 lám., México, 1910).

La Constelación de la Osa Menor. (Ursa Minor). (Bol. Soc. Astr. Méx., t. 9, p. 114-116, 1 lám., México, 1910).

La Constelación de Perseo. (Perseus). (Bol. Soc. Astr. Mex., t.10, p. 409-410, 1 lám., México, 1911).

Constelación del Cisne. (Cygnus). (Bol. Soc. Astr. Mex., t. 9, p. 193-195, 1 lám., México, 1910).

La Constelación del Cochero. Conferencia. (En Aguillón, Gabriel F., El Planeta Marte, México, 1902, 21 cm., p. 13-21, 1 mapa).

La Constelación del Cochero. (Auriga). (Bol. Soc. Astr. Mex., t. 9, p. 145-146, 1 lám., México, 1910).

La Constelación del Dragón. Conferencia dada en la sesión del Miércoles 5 de Agosto de 1903. (Bol. Soc. Astr. Mex., t. 2, p. 162-164, México, 1903).

Contemplaciones del Infinito. Astronomía Popular. Escrita para los aficionados al estudio del cielo.- México, Tip. de Aguilar e Hijos, 1902.- 136 p. ilustr. 20 cm.

Consta esta obrita, de la que existe una edición posterior, de 16 capítulos y un apéndice, en los que desarrolla su autor los conocimientos teóricos y prácticos de la ciencia astronómica, en forma fácil y amena, comprensibles a los lectores a que está dedicada.

Contemplaciones del Infinito. Las Constelaciones australes.

Contemplaciones del Infinito. Las Constelaciones boreales.

Contemplaciones del Infinito. Las Constelaciones zodiacales. Apuntes escritos para los amantes de la Astronomía.- México, Imp. de Aguilar e Hijos, 1902.-55 p. ilustr. 20 cm.

Contemplaciones del Infinito. Curiosidades del Cielo. Observaciones que pueden hacer los amantes de la Astronomía.- México, Eduardo Dublán, Impr., 1902.-(2), 95 p. ilustr. 19.5 cm.

Índice: Prólogo.- 1. Los Planetas.- 2. La Luna.- 3. El Sol.- 4. Las estrellas fugaces.-5 Agrupaciones estelares.- 6. Las Nebulosas.- 7. Las Estrellas coloridas.- 8. Las Estrellas dobles.- 9. Algunas constelaciones.- 10. Las Estrellas más hermosas del Cielo.- 11. Conclusión.- Apéndice.

Contemplaciones del infinito. La Luna. Obra escrita para los aficionados a la Astronomía.- México, Libr. de Ch. Bouret, 1903.-55 p. 2 láms. ilustr. 19.5 cm.

Contemplaciones del infinito. Maravillas del Cielo. Obra escrita para los aficionados a la Astronomía.- México, Compañía Editorial Católica, 1902.-95 p. ilustr. 19.5 cm.

Índice: 1. La Vía Láctea.- 2. El Planeta Neptuno.- 3. El Planeta Saturno.- 4. Descubrimiento de los satélites de Marte.- 5. El Cielo estrellado.- 6. La Catástrofe de Saturno.- 7. Algunas aplicaciones de la Fotografía a la Astronomía.- 8. Las Manchas del Sol.- 9. El Calor solar.- 10. El Eclipse total de Sol del 28 de Mayo de 1900.-11. Las estrellas temporarias.- 12. Descubrimiento de un nuevo asteroide.- 13. Nieves en la Luna.- 14. El color de la Luna.- 15. El primer cometa del siglo XX.- 16. La lucha por la ciencia.- 17. La muerte del astrónomo Faye.- 18. Los crepúsculos admirables del año de 1902.

El Cráter Lunar "Gassendi" y sus alrededores. (Bol. Soc. Astr. Mex., t. 8, p. 479-481, México, 1909).

Los Cráteres Lunares "Teófilo, Cirilo y Catarina." (Bol. Soc. Astr. Mex., t. 8, p. 461-463, 1 lám, México, 1909).

La Distancia del Sol a la Tierra. (Bol. Soc. Astr. Mex., t. 10, p. 371-373, México, 1911).

Eclipse total de Luna del miércoles 16 de noviembre de 1910. (Bol. Soc. Astr. Mex., t. 9, p. 284-286, 1 lám., México, 1910).

El Eclipse total de Sol del 30 de Agosto de 1905. (Bol. Soc. Astr. Mex., t. 4, p. 586-594, México, 1905).

Eclipse total de Sol del domingo 8 de Mayo de 1910, visible en Tasmania. (Bol. Soc. Astr. Mex., t. 9, p. 106-112, México, 1910).

La Estrella nueva. (Bol. Soc. Astr. Mex., t. 2, p. 111-112, 2 cartas, México, 1903).

Refiérese a la Nova Geminorum, descubierta por H. H. Turner, en Oxford, Inglaterra, el 16 de marzo de 1903.

Las Estrellas Nuevas. Discurso pronunciado por su autor en la Sociedad de Geografía y Estadística el Martes 28 de Abril de 1903. (Bol. Soc. Astr. Mex., t. 2, p. 119-124, México, 1903).

Las Estrellas y el Espectroscopio. (En Sociedad Astronómica de México, Conferencias del Curso Popular de Astronomía, México, 1912, 22 cm., p. 193-210, ilustr.).

Estudio del cielo con anteojos de teatro. Conferencia dada en la sesión del miércoles 7 de Enero de 1903. (Bol. Soc. Astr. Mex., t. 1, p. 87-91, 1 lám., México, 1903).

Estudios Lunares. Los Cráteres Teófilo, Cirilo y Catarina. El Cráter Gassendi y sus alrededores. Observaciones.- México, Imp. de A. Carranza e Hijos, 1909.- 8 p. 2 láms. 20 cm.

Francisco Arago. Elogio del gran astrónomo francés, pronunciado en la sesión celebrada por la "Sociedad Astronómica de México," la noche del miércoles 4 de Noviembre de 1903. (Bol. Soc. Astr. Mex., t. 2, p. 201-206, México, 190 3).

Los Fundadores de la Astronomía. (Bol. Soc. Astr. Mex., t. 5, p. 902-908, 937-940 y 952-954, México, 1906).

Idem. (En Sociedad Astronómica de México, Conferencias del Curso Popular de Astronomía, México, 1912, 22 cm., p. 5-25, ilustr.).

El Gran grupo solar del 13 de Junio de 1907. (Bol. Soc. Astr. Mex., t. 6, p. 134-143, México, 1907).

La Grande Tâche Solaire du 28 Janvier. (Bol. Soc. Astr. Mex., t. 3, p. 522-523, México, 1905).

Indice de los accidentes lunares marcados en la Gran Carta Selenográfica, dibujada por el Profesor..., en vista de los datos más modernos Selenógrafos.- México, Imp. de A. Carranza Hijos, 1909.-11 p. 19 cm.

Instrucción Primaria Superior. Primer Año, Primer Semestre. Elementos de Cosmografía escritos para los alumnos del primer semestre del primer año de Instrucción Primaria Superior.- México,

Imp., Lit. y Enc. de Ireneo Paz, 1898.-(2), 42 p. 7 láms. 23.5 cm.
Idem. Tercera ed.- México, Libr. de Ch. Bouret, 1902.-56 p. ilustr. 19.5 cm.
Idem. Quinta ed. corregida y aumentada por el autor.- México, Libr. de Ch. Bouret, 1904.-70 p. ilustr. 19 cm.

Tenemos noticias de que existe una octava edición.

Instrucciones para la observación de las manchas solares.
Júpiter. Movimientos de sus satélites en Noviembre de 1902, calculados según los datos del "Nautical Almac." Circular núm. 6.- México, Imp. de Eduardo Dublán, 1902.-8 p. 1 lám. 19.5 cm. (Sociedad Astronómica de México).
Las Leyes de Kepler. (Bol. Soc. Astr. Mex., t. 3, p. 538-540 y t. 4, p. 544-547, México, 1905).
Ligeras notas relativas al Planeta Saturno.- México, Imp. de Eduardo Dublán, 1903.-7 p. ilustr. 19 cm. (Sociedad Astronómica de México).
La Lluvia de estrellas del 14 de Noviembre. (Bol. Soc. Astr. Mex., t. 1, p. 71-73, México, 1902).
Las Manchas solares. (Bol. Soc. Astr. Mex., t. 9, p. 211-214, ilustr., México, 1910).
La Medida del Tiempo. (En Sociedad Astronómica de México, Conferencias del Curso Popular de Astronomía, México, 1912, 22 cm., p. 159-176 ilustr.).
Mr. William Harkness. (Bol. Soc. Astr. Mex., t. 2, p. 143-144, México, 1903).
Mundus Jovialis.- México, Imp. de Aguilar e Hijos, 1903.-11 p. ilustr. 19.5 cm.

Conferencia acerca del planeta Júpiter, dada en la Sociedad Astronómica de México, el 1o. de julio de 1903.

Nota acerca del helio. (Bol. Soc. Astr. Mex., t. 3, p. 431-434, México, 1904).

Observaciones astronómicas con un pequeño telescopio. Consejos prácticos (sic) a los amantes de Urania.- México, Tip. de Aguilar e Hijos, 1904.-77 p. ilustr. 20 cm. (Pequeña Biblioteca Astronómica).

Contiene: 1. El Telescopio.- 2. Las Imágenes.- 3. El Observatorio del aficionado.- 4. El Sol.- 5. Los Planetas Mercurio y Venus.- 6. El Planeta Marte.- 7. El Planeta Júpiter.- 8. El Planeta Saturno.- 9. El Planeta Urano.- 10. La Luna.- 11. Las estrellas fugaces.- 12. Los Cometas.- 13. Las Estrellas.- 14. Las Nebulosas.

Observaciones del planeta Marte en su oposición de 1909. (Bol. Soc. Astr. Mex., t. 8, p. 596-601, México, 1909).

El Observatorio Astronómico de la ciudad de Praga. (Bol. Soc. Astr. Mex., t. 12, p. 49-51, México, 1913).

La Oposición perihélica del planeta Marte. (Bol. Soc. Astr. Mex., t. 6, p. 57-64, México, 1907).

El Planeta Júpiter en la oposición de 1910. (Bol. Soc. Mex. Geogr. y Estad., 5a. ép., t. 3, p. 496-498, 2 láms., México, 1908).

Idem. (Bol. Soc. Astr. Mex., t. 9, p. 117-120, 1 lám., México, 1910).

El Planeta Marte. (En Sociedad Astronómica de México, Conferencias del Curso Popular de Astronomía, México, 1912, 22 cm., p. 99-126, ilustr.).

El Planeta Marte en su oposición de 1909. (Bol. Soc. Mex. Geogr. y Estad., 5a. ép., t. 3, p. 346-349, México, 1908).

El Planeta Saturno. (Bol. Soc. Astr. Mex., t. 9, p. 275-277, 1 lám., México, 1910).

El Planeta Urano. (Bol. Soc. Astr. Mex., t. 3, p. 327-332, México, 1904).

Los Planetas en 1905. Trabajo arreglado para los aficionados a la Astronomía.- México, Tip. de Aguilar e Hijos, 1904.-42 p. 1 mapa 19 cm.

Los Planetas en 1906. Trabajo arreglado para los aficionados a la Astronomía.- México, Antigua imp. de Aguilar, 1905.-43 p. 1 mapa 19.5 cm.

Los Planetas en 1911. Trabajo arreglado para los aficionados a la Astronomía.- México, Antigua imp. de Aguilar, 1905.-43 p. 1 mapa 19.5 cm.

Los Planetas en 1911. Trabajo arreglado para los aficionados a la Astronomía.- Morelia, Talleres de la E. Y. M. P. D., 1911.-52 p. 1 planisferio 22 cm.

Planisferio celeste móvil arreglado para la latitud de México.

Cartilla explicativa del Planisferio Celeste Móvil arreglado para la latitud de México.-México, Libr. de Ch. Bouret, 1903.-13 p. 14.5 cm.

Principales fenómenos Astronómicos que ocurrirán en nuestro cielo durante el año de 1907. (Bol. Soc. Astr. Mex., t. 5, p. 964-972, México, 1907).

Principales fenómenos astronómicos que ocurrirán en el año de 1909 y que podrán ser observados por los aficionados a la hermosa ciencia del cielo. Trabajo presentado a la Sociedad astronómica de México en la sesión del miércoles 13 de enero de 1909.- México, A. Carranza y Comp., Imprs., 1909.-13 p. 19 cm.

Principales fenómenos astronómicos que ocurrirán en el año de 1910. (Bol. Soc. Astr. Mex., t. 9, p. 65-77, México, 1910).

Principales fenómenos astronómicos en el año de 1911. (Bol. Soc. Astr. Mex., t. 10, p. 344-346 y 350-358, México, 1911).

Principales fenómenos celestes que ocurrirán en el año de 1912. (Bol. Soc. Astr. Mex., t. 11, p. 35-40, México, 1912).

Los Progresos de la Astronomía en México, desde 1810 hasta 1910. Memoria presentada en representación de la Sociedad As-

tronómica de México. Esta Conferencia estuvo ilustrada con 19 proyecciones luminosas.- México, Tip. de la Vda. de F. Díaz de León, Sucs., 1911.-36 p. 1 lám. 22.5 cm. (Concurso Científico y Artístico del Centenario Promovido por la Academia Mexicana de Jurisprudencia y Legislación).

La Próxima oposición del planeta Júpiter. (Bol. Soc. Astr. Mex., t. 5, p. 873-883, México, 1906).

La Próxima oposición del Planeta Marte. (Bol. Soc. Astr. Mex., t. 4, p. 575-582 ilustr., México, 1905).

La Próxima oposición del planeta Marte. (Bol. Soc. Astr. Mex., t. 10, p. 477-479, 1 lám., México, 1911).

El Próximo paso de Mercurio por el Disco del Sol. (Bol. Soc. Astr. Mex., t. 5, p. 710-716, México, 1906).

La Química estelar. (Bol. Soc. Astr. Mex., t. 3, p. 358-360 y 368-370, México, 1904).

La Radiación Solar. Apuntes para el estudio de la insolación en México, por medio del heliógrafo de Campbell. Trabajo presentado a la Sociedad "Volta" en la sesión del 1o. de Abril de 1900.- México, Tip. de Aguilar e Hijos, 1900.-11 p. 14.5 cm. (Observatorio Meteorológico de la Escuela Normal para Profesoras, México).

El Regreso del cometa de Halley. (Bol. Soc. Astr. Mex., t. 8, p. 579-588, México, 1909).

Resultados del Eclipse Total de Sol del 30 de Agosto de 1905. (Bol. Soc. Astr. Mex., t. 5, p. 720-724 y 735-737, México, 1906).

Retorno de dos Cometas descubiertos por Carolina Herschel. (Mem. Soc. Cientif. Ant. Alzate, t. 32, p. 147-149, México, 1915)

Refiérese a los cometas Kiess y de Quenisset.

Se acerca la oposición del Planeta Marte. (Bol. Soc. Astr.

Mex., t. 8, p. 552-555 y 560-562, México, 1909).
Sir Isaac Roberts. (Bol. Soc. Astr. Mex., t. 3, p. 392-394, México, 1904).
La Sociedad Astronómica de México en el IX año de su existencia. (Bol. Soc. Astr. Mex., t. 10, p. 401-408 y 412-416, México, 1911).
El Sol como manantial de calor y de vida. (En Sociedad Astronómica de México, Conferencias del Curso Popular de Astronomía, México, 1912, 22 cm., p. 27-43, ilustr.).
El Sol en Diciembre de 1903.-[México], Aguilar e hijos, Imp., s. a.-(2), 14 p. 1 lám. ilustr. 19.5 cm.
El Sol en Enero de 1904.-[México], Aguilar e Hijos, Imp., s. a.-(2), 4 p. 1 lám. ilustr. 19 cm.
Las Tendencias de la Sociedad Astronómica. (Bol. Soc. Astr. Mex., t. 3, p. 288-294, México, 1904).
La Tierra y su atmósfera. (En Sociedad Astronómica de México, Conferencias del Curso Popular de Astronomía, México, 1912, 22 cm., p. 85-98, ilustr.).
Los Trabajos de la Carta del Cielo en el Observatorio Astronómico Nacional de Tacubaya. Memoria presentada a la Sociedad Astronómica de México.- México, A. Carranza y Comp., Imprs., 1908.-8 p. 1 lám. 19.5 cm.

Sobretiro del Boletín de la Sociedad Astronómica de México, t. 7, México, 1908.

Tratado moderno de Cosmografía escrito para las escuelas preparatorias, normales y seminarios de la República.- París, México, Libr. de la Vda. de Ch. Bouret, 1913.-284 p. 2 láms. ilustr. 18 cm.

Obra muy rara, debido a haber sido destruida la edición en el incendio que sufrió la casa en que se imprimió en París, habiéndose salvado únicamente los ejemplares de la primera remesa, que en corto número había sido enviada a México.

Los últimos Cometas, (Bol. Soc. Astr. Mex., t. 6, p. 31-37, México, 1907).
Un ensayo de fotografía lunar. (Bol. Soc. Astr. Mex., t. 8, p. 422-425, 1 lám., México, 1909).
Una maravilla de la constelación del Centauro. (Bol. Soc. Astr. Mex., t. 9, p. 201-204, ilustr., México, 1910).
Una visita a la tumba de Tycho Brahe. (Bol. Soc. Astr. Mex., t. 11, p. 207-214, ilustr., México, 1912).
Una visita al Observatorio de Greenwich. (Bol. Soc. Astr. Mex., t. 12, p. 41-49, México, 1913).
Una visita al Observatorio de Washington. (Bol. Soc. Astr. Mex., t. 12, p. 83-84, 116-119 y 132-136, México, 1913).
Urbano, Juan José Le Verrier (1811-1877). Apuntes biográficos, escritos con motivo del primer centenario del nacimiento del ilustre astrónomo francés.- México, Imp. de A. Carranza e Hijos, 1911.-15 p. 19.5 cm. (Sociedad Astronómica de México).
La Velocidad de la luz. (Bol. Soc. Astr. Mex., t. 3, p. 399-406, México, 1904).
Ya tengo telescopio. ¿Qué debo observar? Consejos a los aficionados a la Astronomía.- México, Libr. de Ch. Bouret, 1904.-80 p. 1 planisferio 19 cm.

Véase también Sociedad Astronómica de México.

LEÓN, NICOLÁS, Médico.

Calendario de los Tarascos. (Anales del Museo Michoacano, año 1, p.33-42, Morelia, 1888).

Reproduce el anónimo intitulado "Calendario de toda la indicada gente, por donde han contado sus tiempos hasta hoy, ahora nuevamente puesto en forma de rueda para mejor ser entendido."

El Cometa de 1680. Opinión de un médico mexicano de esa época respecto al mismo. (Crónica Médica Mexicana, t. 12, p. 135-137, México, 1909).

Comenta la proposición sostenida por el Br. D. José de Escobar Salmerón y Castro en su *Discurso y relación del nuevo cometa*, que en su lugar dejamos registrado, de que dicho astro se formó con las exhalaciones de los cuerpos muertos y del sudor humano.

LEÓN Y GAMA, ANTONIO

Descripción histórica y cronológica de las dos piedras que con ocasión del nuevo empedrado que se está formando en la plaza principal de México, se hallaron en ella el año de 1790. Explícase el sistema de los Calendarios de los Indios, el método que tenían para dividir el tiempo, y la corrección que hacían de él para igualar el año civil, de que usaban, con el año solar trópico. Noticia muy necesaria para la perfecta inteligencia de la segunda piedra: a que se añaden otras curiosas e instructivas sobre la Mitología de los Mexicanos, sobre su Astronomía, y sobre los ritos y ceremonias que acostumbraban en tiempo de su Gentilidad.- México, en la Imp. de Don Felipe de Zúñiga y Ontiveros, M.DCC.XCII.-(6), 116, (2) p. 1 lám. 20.5 cm.
Idem. Dala a luz con notas, biografía de su autor y aumentada con la segunda parte que estaba inédita, y bajo la protección del Gobierno general de la Unión: Carlos María de Bustamante, Diputado al Congreso General Mexicano. Segunda ed.- México, Imp. del ciudadano Alejandro Valdés, 1832.-(2), viii, 148 p. 5 láms. 20.5 cm.
Saggio dellé Astronomía Cronología e Mitologia Degli Antichi Messicani. Tradotta dallo Spagnuolo e dedicata Alla Molto Nobile, Illustre ed Imperiale Citta di Messico. Con Permesso.- Roma, Presso il Salomoni, 1804.-(2), xiv, 184 p. 2 láms. 21

cm.

Traducción de la obra anterior, hecha y publicada por el P. Pedro José Márques, S. J.

Las piedras a que alude son las llamadas del Sol o Calendario azteca y de Tizoc, vulgarmente conocida con el nombre de Piedra de los sacrificios, que se conservan actualmente en el salón de monolitos del Museo Nacional de Arqueología, Historia y Etnografía.

Descripción orthographica universal del Eclipse de Sol del día 24 de Junio de 1778, dedicada al señor Don Joaquín Velázquez de León, del Consejo de S. M., su Alcalde de Corte honorario en esta Real Audiencia, y Director general del Importante Cuerpo de la Minería de este Reyno de Nueva España. Con licencia.- México, en la Imp. nueva Matritense de D. Felipe de Zúñiga y Ontiveros, 1778.-(12), xxiv p. 1 lám. 20 cm.

Dictamen sobre el modo en que deben comenzarse a contar los siglos. 1800.

Beristáin, t. 2, p. 10.

Disertación física sobre la materia y formación de las Auroras Boreales, que con ocasión de la que apareció en México y otros lugares de la Nueva España el día 14 de Noviembre de 1789 escribió. Con las Licencias necesarias.- México, por D. Felipe de Zúñiga y Ontiveros, 1790.-(2), 37 p. 1 lám. 20 cm.

Contiene: 1. Diferencias que se observan en las Auroras boreales: propiedades y circunstancias de la materia de que se componen.- 2. Varias opiniones acerca de la materia de que se forma la Aurora boreal.- 3. Varias noticias de algunos lugares de este Reyno donde se vio la Aurora boreal la misma noche del día 14 de Noviembre de 1789.- 4. De la materia y formación de la Aurora boreal.- Suplemento.

Véase la refutación de las teorías sostenidas por el autor, en la *Disertación* del Pbro. D. José Antonio Alzate, que arriba mencionamos.

LOBATO, JOSÉ G., Médico

[Discurso pronunciado en honor del Padre Angel Secchi, en nombre de la Sociedad Médica "Pedro Escobedo," en la sesión solemne que le dedicó la Sociedad Mexicana de Geografía y Estadística]. (Bol. Soc. Mex. Geogr. y Estad., 3a. ép., t. 4, p. 438-447, México, 1878).

LÓPEZ, ANTERO

El Eclipse en Cedral. (Bol. Soc. Astr. Mex., t. 5, p. 748-749, México, 1906).

Refiérese al total de Luna del 9 de febrero de 1906.

LÓPEZ, CONSTANZA P., Profa.

Estrellas y Nebulosas. (En Conferencias científicas de las alumnas de la Escuela Normal para Profesoras en el período del 4 de junio al 30 de julio de 1892, México, 1893, 22.5 cm., p. 31-41).

LÓPEZ, ELPIDIO, Prof.

Anuario Astronómico y Meteorológico para 1918. Arreglado exclusivamente para la República Mexicana. Conteniendo: Un calendario práctico y completo; todos los datos necesarios para la observación de los fenómenos celestes en el año; especialmente cálculos arreglados a los meridianos de México, Puebla, Guadalajara y Monterrey para la observación del interesante (sic) eclipse de Sol del 8 de junio; notas importantes para los agricultores e higienistas acerca de la previsión del tiempo en la República Mexicana, seguidas de cartas de la repartición de las lluvias, heladas, cuadros climatológicos y noticias científicas de interés general. (Véase el índice detallado).-México, Libr. de la Vda. de Ch. Bouret, 1917.-160, iv, p. 1 estado, 13 cartas, ilustr. 18.5 cm.

Anuario Astronómico y Meteorológico para 1919. Arreglado exclusivamente para la República Mexicana. Conteniendo: un calendario práctico y completo; todos los datos necesarios para la observación de los fenómenos celestes en el año, así como cálculos arreglados a los meridianos de México, Puebla, Guadalajara y Monterrey para poder observar el interesante eclipse de Sol del 22 de noviembre; estudios importantes para los agricultores sobre previsión de tiempo en el país, cómo se pueden proteger las siembras contra heladas, tiempo probable en el año de 1919, y otras noticias científicas de interés general. Año II.- París, México, Libr. de la Vda. de Ch. Bouret, 1918.-155 p. ilustr. 18.5 cm.

Manual del Observador para 1920.- México, Sociedad Científica "Antonio Alzate," Diciembre de 1919.-(4), 43 p. 23 cm.

Índice: Prefacio.- Fiestas movibles, fijas y nacionales.- Fenómenos astronómicos en el año. Eclipses. Planetas. Agenda diaria del observador.- Bibliografía.

Anuario Astronómico y Meteorológico para 1921.- México. Sociedad científica "Antonio Alzate." 1921.-(2), 118 p. 1 lám. 22.5 cm.

Sobretiro de las Memorias de la Sociedad Científica "Antonio Alzate," t. 38, México, 1920.

Dividido en las partes que siguen: Preliminares.- Calendario.- Fenómenos en 1920.- Agenda de los observadores.- La Tierra.- Meteorología.

Anuario Astronómico y Meteorológico para 1927. Año V. (Mem. Soc. Cientif. Ant. Alzate, t. 45, p. 467-558, 1 mapa, 3 láms., México, 1926).

Contiene: Preliminares.- Calendario.- Fenómenos astronómicos en 1927.- Agenda de los observadores.- La Tierra.- Meteorología.

El Cometa de Halley. (Anales del Observatorio "Urania," p. 31-39, 1 lám., Chignahuapan, 1910).

Conclusiones acerca del Planeta Marte, según observaciones de 1907-1909. (Anales del Observatorio "Urania," p. 23-27, Chignahuapan, 1910).

El Eclipse anular de Sol del 28 de Junio de 1908. (Anales del Observatorio "Urania," p. 12-16, Chgnahuapan, 1909).

Eclipse parcial de Luna del 24 de Julio. (Bol. Soc. Astr. Mex., t. 6, p. 88-91, México, 1907).

Eclipse parcial de Luna del 29 de Enero último. (En parte visible). (Bol. Soc. Astr. Mex., t. 5, p. 957-960, México, 1907).

El Eclipse total de Luna del 8 al 9 de Febrero de 1906. (Bol. Soc. Astr. Mex., t. 5, p. 741-747, 1 lám., México, 1906).

El Eclipse total de Sol del 10 de septiembre de 1923. (Mem. Soc. Cientif. Ant. Alzate, t. 43, p. 303-326, México, 1924).

La Oposición del planeta Marte. (Bol. Soc. Astr. Mex., t. 6, p. 65-73 ilustr., México, 1907).
El Planeta Júpiter. (Bol. Soc. Astr. Mex., t. 4, p. 550-553, México, 1905).
El Planeta Saturno. (Bol. Soc. Astr. Mex., t. 5, p. 825-828, México, 1906).
El Planeta Venus. (Bol. Soc. Astr. Mex., t. 5, p. 946-951 ilustr., México, 1907).
Regiones de la República donde es más probable se observe el eclipse total de Sol del 10 de septiembre de 1923. (Mem. Soc. Cientif. Ant. Alzate, t. 42, p. 25-32, México, 1923).
Sincronización de la actividad solar con los principales elementos meteorológicos. (Bol. Soc. Astr. Mex., año 17, p. 59-63, México, 1918).
Vida en pleno infinito. Estudio de Filosofía Astronómica. (Bol. Soc. Astr. Mex., año 17, p., 75-78 y 85-87, México, 1918).

Véase también Chignahuapan.- Observatorio Urania.

LÓPEZ DE LLERGO, JERÓNIMO, Ing.

El Cometa de Halley. Conferencia dada el 2 de junio de 1910. (Boletín de la Escuela Nacional Preparatoria, t. 3, p. 21-36, México, 1910).

LUDENDORFF, H.

Versión española de las investigaciones sobre la Astronomía de los Mayas. Número 1. Sobre el origen del período "Tzolkin" en el Calendario de los Mayas. Traducido del alemán por Hugo Eyer con la debida autorización del Autor y de la Preussischen Akademie der Wissenschaften, Berlín. (Rev. Soc. Est. Astr. y Geof., v. 3, p. 17-40, ilustr., México, 1931).

M

MAC CURDY, GEORGE GRANT

An Aztec "Calendar Stone" in Yale University Museum. (En Reseña de la Segunda Sesión del XVII Congreso Internacional de Americanistas, México, 1912, 23 cm., p. 382-396, 9 láms., ilustr.).

MACORP HECAFOC, NARCISO

Carta escrita a una Señora Título, sobre el Eclypse futuro del día 13 de mayo de este presente año de 1752. Y sobre la carta impresa, que escribió el Br. D. Joseph Mariano Medina.- México, Imp. con licencia, por la Viuda de Joseph Bernardo de Hogal, 1752.-(4) p. 20 cm.

> "Es de sospechar -dice Medina, t. , p. - que el nombre de Narciso Macorp sea un seudónimo, o más probablemente un anagrama. La carta del bachiller Medina lleva por título: Destierro de temores y susto vanamente aprehendido en el eclypse casi total, etc. Sabemos que se dio a luz, pero no constan ni su fecha, ni el lugar en que se imprimió. Posiblemente será de México y del mismo año de 1752."

Descifrando el anagrama con que la carta está suscrita, resulta el nombre de Francisco Pacheco Mora o viceversa. ¿Será éste el del autor?

MAGAÑA, MARÍA DE LA LUZ, Profa.

Los Anillos de Saturno. (Bol. Soc. Astr. Mex., t. 4, p. 639-644, México, 1905).

Cambios observados en el cráter lunar "Platón." (Bol. Soc. Astr. Mex., t. 6, p. 1-6, ilustr., México, 1907).

El espectroscopio y sus aplicaciones. (En *Conferencias Científicas de las alumnas de la Escuela Normal para Profesoras en el período del 1o. de junio al 27 de julio de 1901*, México, 1902, 22.5 cm., p. 119-130).

¿Existe un planeta más allá de Neptuno? (Bol. Soc. Astr. Mex., t. 8, p. 534-540, México, 1909).

Fotografías del VIII satélite de Júpiter. (Bol. Soc. Astr. Mex., t. 8, p. 557-559, México, 1909).

Las Lluvias de estrellas en el mes de Agosto. (Bol. Soc. Astr. Mex., t. 11, p. 189-194, México, 1912).

Los Planetas Urano y Neptuno. (En Sociedad Astronómica de México, Conferencias del Curso Popular de Astronomía, México, 1912, 22 cm., p. 141-157, ilustr.).

La Radio-actividad del Sol. (Bol. Soc. Astr. Mex., t. 10, p. 429-433, México, 1911).

MALPICA H., JOSÉ

El Universo sin Dios. Moderno ensayo de divulgación científico-filosófica.- México, Talleres Gráficos de la Oficina de Publicaciones y Propaganda de la Secretaría de Agricultura y Fomento, 1935.-210 p. 16 láms. 23 cm.

El autor de esta obra, que se dice autodidacta, pretende dar una explicación racional y ateísta del universo, aunque confiesa ingenuamente su falta de preparación para emprender estudio de tal naturaleza, asegurando: "Carezco de autorización reglamentada para emitir juicio sobre los temas que desarrollo, he urgado a discreción en el arsenal de la cultura humana sin sentirme todavía con fuerzas para decir que la he comprendido; pero no por carecer de aquellos títulos o aquestos fueros, me resigno a callar en una hora decisiva de la civilización en que el mundo reclama toda la energía de que son capaz sus pobladores, para restablecer la armonía de los que piensan y los que trabajan bajo un lazo común de Justicia y Verdad."

Nos parece natural que quien carece de preparación científica no haya podido comprender las teorías cosmogónicas, cosmológicas, biológicas y psicológicas emitidas por los sabios de todos los tiempos, y como consecuencia, que al tratar del Universo, del Hombre y de la Religión quiera prescindir de Dios, autor de todo lo criado.

Divídese la obra en cinco partes: 1a. El Universo.- 2a. La Vida.- 3a. El Hombre.- 4a. El Alma.- 5a. La Religión. A su vez, la segunda consta de tres capítulos: 1o. Descripción del Universo.- 2o. Constitución del Universo.- 3o. Evolución del Universo.

MALLÉN, RAFAEL, Ing.

Nuevos métodos astronómicos y regla geodésica de longitud invariable.- México, Imp. de Ignacio Escalante, 1884.- viii, 71 p. 1 lám. 21 cm.

Contiene: Cap. 1o. Latitud.- Cap. 2o. Tiempo.- Cap. 3o. Correcciones de altura para los astros del sistema solar.- Cap. 4o. Longitud.- Cap. 5o. Regla geodésica de longitud invariable.- Tablas.

MANERO, VICENTE E., Ing.

Apuntes hisótricos sobre Astronomía y Astrónomos, reunidos, traducidos muchos y puestos en el orden cronológico expresamente para darlos a la Sociedad de Geografía y Estadística de México. (Bol. Soc. Mex. Geogr. y Estad., 3a. ép., t.3, p. 521-569, México, 1873).

MARENTES, RAFAEL, Abogado

Armonía Universal o Nuevo Sistema del Mundo.- Zacatecas, México, Tip. de Enr. García, 1914.-(2), ii, 214 p. 24 cm.

Dividido en dos partes: 1a. Mecánica celeste.- 2a. Física solar.

"La primera parte de la obra -asienta su autor- se ocupa de refutar, la teoría de la gravitación universal formulada por Newton, proponiendo en su lugar la teoría del magnetismo. En la segunda parte se da a conocer el verdadero mecanismo del Sol, demostrando que este es un manantial inagotable. Abrigamos la creencia de que las nuevas doctrinas llegarán a ser admitidas; porque la verdad tiene, por sí misma, una fuerza irresistible. Por otra parte no pensamos haber llevado a cabo una obra extraordinaria: tales sistemas son un fruto natural y espontáneo de la ciencia actual. Tan es esto así que los aparatos, que sirven para comprobar experimentalmente la teoría sobre el sistema del Mundo, fueron desde hace tiempo inventados."

MÁRQUEZ, PEDRO JOSÉ, S. J.

Observaciones del Padre Márquez acerca del Calendario del Código Mexicano del Cardenal Borgia. Traducción del Italiano por Jorge Engerrand. (Publicado en el Apéndice al Tomo III de los Anales del Museo Nacional de Arqueología, Historia y

Etnología).-México, Imp. del Museo Nacional de Arqueología, Historia y Etnología, 1912.-P. clxiii-clxxiii, 28 cm.

MARTÍN DEL CAMPO, GUSTAVO

Breves apuntes de la Historia de la Astronomía. (Rev. Soc. Est. Astr. y Geof., v. 1, n. 2, p. 14-20, México, 1929).

MARTÍNEZ, HENRICO

Discurso sobre la magna conjunción de los planetas Júpiter y Saturno, acaecida en 24 de diciembre de 1603 en el 9. g. de Sagitario.- México, 1604.-4o.
Repertorio de los Tiempos, y Historia Natvral desta Nveva España. Dirigido al Excellentissimo Señor Don Iuan de Mendoça y Luna Marqués de Montesclaros, Virrey, Gouernador, Presidente y Cappitan General por el Rey nuestro Señor en esta Nueua España &a. Con licencia y privilegio.- México, en la Emprenta del mesmo autor, 1606.-(24), 278 p. 2 grabs. movibles 20 cm.

Las materias de que trata la obra se hallan distribuidas en los tratados que siguen:

1o. Del mundo en general, y en particular de la región celeste, de la cantidad y movimiento de los Cielos y Planetas, con vn Lunario de los temporales que sirue desde principio del año de mil y seiscientos y seis hasta fin del año de mil y seiscientos y veinte, acomodado según el clima y temperamento de esta nueua España.

2o. En el qval se declaran las partes y calidades de la Región elemental.

3o. En el qual se proponen algunas particularidades desta nueua España.

4o. En qve se enseñan algvnas cosas de Astrología pertenecientes al conocimiento de la calidad de vna enfermedad, y de los términos o fin della.

5o. En qve se trae vn discvrso hecho sobre la magna coniuncion de los planetas Iupiter y Saturno, que sucedió a 24. de Diziembre del año de 1603. en el noueno grado del signo de Sagitario.

Breve relación del tiempo en qve an svcedido algunas cosas notables o dignas de memoria, assi en esta nueua España, como en los Reynos de Castilla, y en otras partes del mundo desde el año de 1520. hasta el de 1590. sacada de las Crónicas, y de historias de Autores fidedignos.

La segunda parte de la obra, prometida por el autor, no llegó a aparecer.

MARTÍNEZ, LAURA, Profa.

El Sol. (En *Conferencias científicas de las alumnas de la Escuela Normal para Profesoras en el período del 3 de junio al 20 de julio de 1893*, México, 1894, 22.5 cm., p. 189-203).

MARTÍNEZ HERNÁNDEZ, JUAN

Los grandes ciclos de la historia maya, según el manuscrito de Chumayel. (En reseña de la Segunda Sesión del XVII Congreso Internacional de Americanistas, México, 1912, 23 cm., p. 180-213, 1 lám. 4 cuadros).

MARTÍNEZ Y MACIEL, EMMA

La Actividad solar en Diciembre de 1908 y en la primera decena de Enero de 1909. (Bol. Soc. Astr. Mex., t. 8, p. 438-443, México, 1909).

MARTÍNEZ DEL RÍO, PABLO, Jr.

Eclipses de Luna históricos. (Bol. Soc. Astr. Mex., t. 4, p.601-604 y 608-609, México, 1905)
Eclipses de Sol hisótricos. (Bol. Soc. Astr. Mex., t. 4, p. 560-565, México, 1905).
Las Pléyades. (Bol. Soc. Astr. Mex., t. 4, p. 633-634, México, 1905).

MATEOS, JUAN, Ing.

Métodos Astronómicos de sencilla aplicación para uso de los topógrafos y exploradores. (Con numerosas tablas).-México, Oficina Tip. de la Secretaría de Fomento, 1899.-2 v. (Texto 192 p. 23.5 cm. y Tablas (2), 245 p. 30 cm.).

Contiene el Texto:
Dedicatoria y plan de la obra.

Introducción. 1. La esfera celeste, las coordenadas esféricas.- 2. La distancia zenital y sus correcciones.- 3. Del tiempo.- 4. De las efemérides.

Cap. 1o. Determinación de la hora. 1. Definiciones y preliminares.- 2. Primer método. Paso meridiano de una estrella o sol.- 3. Segundo método.- Alturas iguales de una estrella.- 4. Tercer método. Alturas iguales de dos estrellas.- 5. Cuarto método. Alturas iguales del Sol.- 6. Quinto método. Por dos distancias zenitales del Sol cerca del meridiano.

Cap. 2o. Determinación del meridiano. 1. Primer método. Por el tránsito de una estrella.- 2. Segundo método. Por alturas iguales de una estrella.- 3. Tercer método. Por alturas iguales de dos estrellas.- 4. Cuarto método. Por alturas iguales del Sol.- 5. Quinto método. Por variaciones azimutales cerca del meridiano.- 6. Sexto método. Por variaciones de altura cerca del primer vertical.- 7. Séptimo método. Por estrellas circumpolares en su mayor elongación.- 8. Octavo método. Por azimutes de la Estrella polar.

Cap. 3o. Determinación de la latitud. 1. Primer método. Por distancias zenitales meridianas.- 2. Segundo método. Por distancias zenitales circunmeridianas.- 3. Tercer método. Por dos distancias zenitales cerca del meridiano, cuando no se conoce la corrección del reloj.- 4. Cuarto método. Por alturas de la Estrella polar.- 5. Quinto método. Por variaciones de altura de dos estrellas cerca del primer vertical.

Cap. 4o. Determinación simultánea de varios elementos. 1. Por los métodos anteriores.- 2. Por tres distancias zenitales de una estrella cerca del meridiano.

Cap. 5o. Determinación de la longitud. 1. Primer método. Por transporte del tiempo del primer meridiano.- 2. Segundo método. Por las fórmulas geodésicas.- 3. Tercer método. Por fenómenos instantáneos.

Cap. 6o. Determinación de la altura. 1. Primer método. Por distancias zenitales.- 2. Segundo método. Por medio del barómetro.

Cap. 7o. Reglas generales para levantar una carta aproximada. 1. Operaciones en el terreno.- 2. Construcción de la carta.

Nota sobre un medio rápido y fácil para calcular y dibujar una proyección de la esfera celeste sobre el horizonte. (Mem. Soc. Cientif. Ant. Alzate, t. 51, p. 137-143, México, 1932).

MAUROLICUS, FRANCISCUS, Pbro.

De Sphaera. Liber vnus.- Mexici, apud Antonium Ricardum in Collegio diui Petri & Pauli, 1578.-(2), 48, (4) f. 8o.

Aparece al final de la *Introducción in dialectican Aristotelis* de Francisco de Toledo, México, 1578, y consta, según Medina (t. 1, p. 234), de un solo libro que lleva al fin una *advertencia ad lectorem* tratando el resto del *Computum ecclesiasticum.*

MAZATLÁN.- OBSERVATORIO ASTRONÓMICO Y METEOROLÓGICO

Informe del Director del Observatorio Meteorológico Astronómico de Mazatlán. (En México.- Secretaría de Fomento, Memoria presentada al Congreso de la Unión, 1879-1882, México, 1885, 29 cm., t. 1, p. 296-321).

Comprende desde marzo de 1879 hasta junio de 1880. Subscrito por el Ing. D. Fiacro Quijano.

Contiene: Descripción del edificio.- Instrumentos.- Personal.- Trabajos Meteorológicos.- Parte astronómica.- Posición geográfica del Observatorio.-

Relación de los trabajos practicados en el Observatorio Meteorológico Astronómico de Mazatlán, durante el año fiscal del 1o. de julio de 1881 a 30 de junio de 1882. (En México.- Secretaría de Fomento, Memoria presentada al Congreso de la Unión, 1887-1882, México, 1885, 29 cm., t. 1, p. 322-324).

Presentado por el Ing. Fiacro Quijano.

Informe del servicio practicado en el Observatorio Astronómico y Meteorológico del puerto de Mazatlán, desde el 1o. de Enero de 1883 hasta el 30 de junio de 1885, y el relativo al faro en el mismo período de tiempo. (En México.- Secretaría de Fomento, Memoria presentada al Congreso de la Unión, 1883-1885, México, 1887, 30 cm., t. 1, p. 570-579).

Rendido por el Ing. D. Cayetano Camiña. Contiene la historia del Observatorio desde su fundación.

Como los informes posteriores se ocupan exclusivamente de la parte meteorológica, hemos creído inútil consignarlos en esta bibliografía.

MEDINA, JESÚS

Correlación entre las pequeñas manchas solares y algunos fenómenos geológicos y meteorológicos. (Bol. Soc. Astr. Mex., t. 3, p. 363-368, México, 1904).
El Eclipse Total de Luna del 8 al (de Febrero de 1906. (Bol. Soc. Astr. Mex., t. 5, p. 729-731, México, 1906).

MENA, RAMÓN, Abogado.

¿Cómo fue trazada la Piedra del Sol? (Mem. Soc. Cientif. Ant. Alzate, t. 29, p. 293-297, ilustr., México, 1909).

Véase también Tozzer, Alfred M.

MENDIZÁBAL, JOSÉ DE

Cuadro sinóptico de los Calendarios que han tenido más vida

en la Nación Mexicana. (En su 35o. *Almanaque de Puebla para el año de 1926*, México, 1925, 16 cm., p. 93-96).
Idem. (Boletín de la Asociación de Bibliotecarios Mexicanos, t. 1, p. 141-142, México, 1926).
Noticia de los Calendarios y Almanaques que ha habido en Puebla. (En su *Almanaque de Efemérides del Estado de Puebla arreglado al meridiano de su Capital*, s. p. y., 16 cm., años de 1901-1907).

MENDIZÁBAL, MIGUEL O. DE

La cronología Nahoa. Significación astronómica del número 13.- México, Imp. del Museo Nacional de Arqueología, Historia y Etnografía, 1922.-18 p. 11 22.5 cm. (Monografías del Museo Nacional de Arqueología).
Idem. (An. Mus. N. Arq. Hist. y Etnogr., 4a. ép., t. 1, p. 264-279, 11 láms., México, 1922).
The Nahuan Chronology: Astronomical signification of the number Thirteen.-S. p. y.-(2), p. 317-338, 24.5 cm.

Sobretiro de American Anthropologist, v. 25,

El Movimiento de la Tierra conocido por los nahoas. Los cuatro ciclos astronómicos-cronológicos.- México, Imp. del Museo Nacional de Arqueología, Historia y Etnografía, 1922.-11 p. 2 láms., ilustr. 23 cm.

MENDIZÁBAL Y TAMBORREL, JOAQUÍN DE, Ing.

La División décimale de la circonférence et du temps. (Sociedad Científica "Antonio Alzate," Rev. Cien. y Bibl., p. 71-76, México, 1894).

Júpiter. (En Anuario del Observatorio Astronómico Nacional de Tacubaya para el año de 1885, México, 1884, 17 cm., p. 190-205).

Contiene: Generalidades.- Satélites de Júpiter.- Determinación de las longitudes terrestres por la observación de los eclipses de los satélites de Júpiter.

Note adressé au 6o. Congres International de Géographie de Londres, de 1905.- México, Antigua Imp. de Eduardo Murguía, 1895.-(2), 6 p. 1 lám. 28 cm.

Sobre la división decimal del ángulo y del tiempo.

Observaciones del gran cometa de Setiembre de 1882 hechas en Comitán. (En Anuario del Observatorio Astronómico Nacional de Tacubaya para el año de 1885, México, 1884, 17 cm., p. 334-335).

Questionnaire pour la reforme du Calendrier. (Sociedad Científica "Antonio Alzate," Rev. Cientif. y Bibl., p. 54-56, México, 1896-97).

La Reforma del Calendario. (Sociedad Científica "Antonio Alzate," Rev. Cientif. y Bibl., p. 9-10, México, 1888).

Estudio tomado del tomo primero del *Curso de astronomía* del autor, el que sirvió de texto en el Colegio Militar y se conserva inédito.

Rafracción en la superficie de Júpiter. Ecuaciones diferenciales de la trayectoria de un rayo luminoso. (En Anuario del Observatorio Astronómico Nacional de Tacubaya para el año de 1885, México, 1884, 17 cm., p. 206-212).

Tesis leída en el examen profesional de Ingeniero Geógrafo sustentado en la Escuela Nacional de Ingenieros.- México, Oficina Tip. de la Secretaría de Fomento, 1884.-36 p. 1 lám. 22.5 cm.

Dividida en cuatro secciones: 1a. Mecánica celeste.- 2a. Física matemática.- 3a. Astronomía física.- 4a. Astronomía práctica.

MENDOZA, EUFEMIO Y ROMO, MANUEL A.

Nociones de Cronología Universal extractada de los mejores autores, para los alumnos de las escuelas de instrucción secundaria.- México, Imp. del Gobierno, en Palacio, a cargo de José María Sandoval, 1874.-(4), 393, (4) p. 2 láms. 22.5 cm.

El texto se halla dividido en la forma que sigue:

1a. parte. Cap. 1. De la Cronología y división del tiempo.- Cap. 2. De las divisiones artificiales del tiempo.- Cap. 3. Almanaque y calendario.

2a. parte. Sec. 1a. Cronología de los pueblos nahuatlatos. Cap. 1. Del tiempo y sus divisiones.- Cap. 2. Divisiones artificiales del tiempo.- Cap. 3. De las eras y las épocas.- Cap. 4. De las fiestas.- Cap. 5. Epocas prehisótricas.- Cap. 6. Calendario y fechas mexicanas.- Cap. 7. Aritmética mexicana.- Cap. 8 Tablas cronológicas.- Sec. 2a. Cronología maya, chiapaneca, &c. Cap. 1. Cronología maya.- Cap. 2. Cronología de Chiapas y Centro América.

3a. parte. Cap. 1. Tabla sincrónica de la Historia Universal.- Cap. 2. Tablas cronológica de los jefes de los principales pueblos.

MENDOZA, JUAN, Pbro.

Noticia y explicación del cometa descubierto al Oeste de México.- México, 1722.

Beristáin, t. 2, p.

MENDOZA, VICENTE I.

Véase Castañeda, Daniel y Mendoza, Vicente I.

MENDOZA Y GONZÁLEZ, JUAN ANTONIO DE

Spherografía de la obscuración de la Tierra, en el eclypse de sol de 22. de Marzo de 1727. Método de observarle, y de corregir los Reloxes. Con licencia. México, por Joseph Bernardo de Hogal,1727.-(6) f. 1 mapa 20 cm.

MÉXICO.- COMISIÓN GEOGRÁFICO-EXPLORADORA

Carta Celeste del Hemisferio Norte, arreglada especialmente para el servicio astronómico de la Comisión Geográfico-Exploradora. (2a. ed.). -Xalapa- Enríquez, Talleres de Reproducción de la Comisión Geográfico-Exploradora, 1908.-(23) p. 1 carta 21 cm.

MÉXICO.- LEYES, DECRETOS, ETC.

[Acuerdo declarando como hora oficial para toda la República la correspondiente al meridiano de Tacubaya].

Dado en México, el 27 de julio de 1920, por el Presidente de la República D. Adolfo de la Huerta.

[Acuerdo disponiendo que a partir del 1o. de enero de 1922 las horas en la República se contarán de 0 a 24, y se adoptará el sistema de husos horarios, aceptando como meridiano el tipo al 0. de Greenwich desde la Baja California hasta los Estados de Veracruz y Oaxaca, y en el resto del país el meridiano tipo de 90 al 0. de Greenwich].

Dado en México, el 25 de noviembre de 1921, por el Presidente de la República Gral. Alvaro Obregón

Decreto modificando el 25 de noviembre de 1921, en lo que se refiere a los sistemas de Husos Horarios que se adoptarán en los Distritos Norte y Sur de la Baja California, y Estados de Veracruz y Oaxaca. (Diario Oficial, t. 25, p. 1476, México, 26 de diciembre de 1923).

Expedido en Celaya (Gto.), el 29 de noviembre de 1923, por el Presidente de la República Gral. Alvaro Obregón.

[Acuerdo exceptuando a los Ferrocarriles comprendidos en los Estados de Veracruz, Oaxaca y Chiapas de regirse por la hora correspondiente al huso horario número 19 del meridiano 90, y se rijan por la del meridiano 105, adoptando la hora oficial de la ciudad de México].

Dado en México, el 26 de junio de 1924, por el Presidente de la República Gral. Alvaro Obregón.

Decreto que establece la hora del meridiano 90 W. de Greenwich en todos los Estados, Territorios y Distritos de la República, en donde se usa la hora del meridiano 105 W. de Greenwich. (Diario Oficial, t. 42, n. 32, sec. 1a., p. 3, México, 9 junio 1927).

Expedido en México, el 26 de mayo de 1927, por el Presidente de la República Gral. Plutarco Elías Calles.

Decreto que establece en la República la Hora del Golfo, Hora del Centro y Hora del Oeste, conforme a los meridianos 90°, 105° y 120° W. de Greenwich. (Diario Oficial, t. 63, n. 13, sec. 1a., p. 4., México, 15 de noviembre 1930).

Expedido en México, el 12 de noviembre de 1930, por el Presidente de la República Ing. Pascual Ortiz Rubio.

Decreto por el cual se establecen los Husos que deberán regir en la República. (Diario Oficial, t. 65, n. 44, sec. 1a., p. 1-2, México, 28 abril 1931).

Expedido en México, el 20 de abril de 1931, por el Presidente de la República Ing. Pascual Ortiz Rubio.

Decreto por el cual se fijan las horas que deberán regir en la República, a partir del 1o. de abril de 1932. (Diario Oficial, t. 70, n. 17, sec. 1a., p. 2-3, México, 21 enero 1932).

Expedido en México, el 7 de enero de 1932, por el Presidente de la República Ing. Pascual Ortiz Rubio.

MÉXICO.- SRÍA. DE COMUNICACIONES Y OBRAS PÚBLICAS.-DEPARTAMENTO DE MARINA MERCANTE Y FAROS

Sistema de Husos Horarios en la República Mexicana según decreto del 12 de noviembre de 1930. (Publicado el 15 del mismo en el Diario Oficial).-México, s. y., 1930.- Mapa de 52 x 39 cm.

Dibujado por R. Morales. A la v. inserta el decreto respectivo.

MÉXICO (CIUDAD).-OBSERVATORIO ASTRONÓMICO CENTRAL

Informe del Ingeniero encargado del Observatorio Astronómico Central, anexo a la Inspección de Caminos. (En México.- Secretaría de Fomento, Memoria presentada al Congreso de la Unión, 1887-1882, México, 1885, 29 cm., t. 1, p. 234-269, 1 lám.).

Rendido por el Ing. D. Leandro Fernández. Comprende desde diciembre de 1881 hasta junio de 1882, y va acompañado de los anexos que siguen:

1. Estado que manifiesta los instrumentos científicos existentes en la Inspección de Caminos en 1o. de diciembre de 1877 y el 30 de junio de 1882.-2. Pesas y medidas del sistema métrico decimal.- 3. Informe relativo al Observatorio Astronómico Central, rendido por el Ing. D. Francisco Jiménez en agosto de 1880.- 4. Posiciones geográficas de varios puntos de la República Mexicana, referidas al meridiano de la ciudad de México.

Memoria de los trabajos practicados de Enero de 1878 a Junio de 1880 en el Observatorio Astronómico Central anexo a la Inspección de Caminos y Obras del Ministerio de Fomento. (Esta Memoria es continuación de la del establecimiento del Observatorio Astronómico Central, publicada en la página 495 de la Memoria del Secretario de Fomento, en 1877). (Anales del Ministerio de Fomento de la República Mexicana, t. 4, p. 319-410, 4 láms., 1 tabla, México, 1881.

Subscrita por el Ing. D. Francisco Jiménez. Lleva como anexos los estudios que siguen:

Curva meridiana de tiempo medio trazada por observaciones directas en el Observatorio Astronómico Central de Setiembre de 1878 a Setiembre de 1879.-

Observación del paso de Mercurio por el disco del Sol el 6 de Mayo de 1878.- Aparato para hallar el valor angular de las divisiones de un nivel llamado "Genie'stathnometro."- Observación del eclipse parcial de Sol el 11 de Enero de 1880.- Determinación directa de la latitud del Observatorio Astronómico Central y cambio de esta coordenada en el tiempo.- Nuevos pares de estrellas para determinar la hora y máximas digresiones de 51 estrellas circumpolares para determinar el meridiano astronómico. Obsequio hecho a los observatorios por el astrónomo Francisco Díaz Covarrubias.- Descubrimiento de dos satélites del planeta Marte.

Memoria sobre el establecimiento del Observatorio Astronómico Central. (En México.-Secretaría de Fomento, Memoria presentada al Congreso de la Unión, 1876-1877, México, 1877, 32 cm., p. 495-513, 4 láms., 4 fots.).

Subscrita por los Ings. D. Francisco Jiménez y D. Ángel Anguiano, el 30 de diciembre de 1877. Contiene:

Generalidades sobre el establecimiento de los observatorios en México.- Descripción, plantas, vista y posición geográfica del Observatorio Central.- Instrumentos del Observatorio.- Posiciones geográficas de varias poblaciones de la República.- Fenómenos celestes para el año de 1878, calculados para la República.

MÉXICO (CIUDAD).-OBSERVATORIO METEOROLÓGICO CENTRAL

Informe que el Director del Observatorio Meteorológico Central Ing. Manuel E. Pastrana rinde al Secretario de Fomento sobre las observaciones ejecutadas durante el eclipse de Sol de

28 de Mayo de 1900.- México, Oficina Tip. de la Secretaría de Fomento, 1901.- 2 v. (texto 191 p. y atlas 43 láms.) 23.5 cm.

MIER Y TERÁN, JOSÉ, S. J.

Bulletin de l'activité solaire. Janvier 1906-Novembre 1908. (Bulletin de la Société Belge d'Astronomie, llo.-13e. années, láms., ilustr., Bruxelles, 1906-08).

Observaciones tomadas en el Observatorio de Cartuja en Granada (España), de las cuales existen varios sobretiros, correspondientes a los períodos que siguen:
Juillet-Aout 1906
Janvier-Fevrier 1907
Mai-Septembre 1907
Decembre 1907-Janvier 1908
Fevrier-mai 1908

Eclipse total de Sol del 30 de Agosto de 1905. Observaciones hechas en Carrión de los Condes (Palencia) por la Sección Astronómica del Observatorio de Cartuja (Granada) dirigido por padres de la Compañía de Jesús. Granada, Tip. de López Guevara, 1905.-115 p. 14 láms. 25 cm.

Dividido en dos partes: 1a. Observaciones.- 2a. Resultados inmediatos.

L'Eclipse totale de Lune du 9 février 1906. Extrait du no. 5 (1906) du Bulletin de la Société Belge d'Astronomie.-Bruxelles, Société Belge d'Astronomie, [1906].-7 p. 24 cm.

Les Observations solaires a l'Observatoire de Cartuja-Grenade. Extrait du no. 3 (1907) du bulletin de la Société belge d'Astronomie.-Bruxelles, Société belge d'Astronomie, [1907].-12 p. ilustr. 24 cm.

Le Passage du Mercure (13-14 novembre 1907). Extrait du no. 1 (1908) du Bulletin de la Société belge d'Astronomie.-

Bruxelles, Société Belge d'Astronomie, [1908].-(2), 6 p. ilustr. 1 lám. 24 cm.

Relación anual de los trabajos efectuados por el Observatorio Astronómico de Cartuja en 1907. (Observatorio de Cartuja.- Granada, Sección Astronómica, Estadística Foto-Heliográfica, año 3, p. 8-9, Granada, 1907).

MIRANDA Y MARRÓN, MANUEL

Las Acuáridas y el cometa de Halley. (Bol. Soc. Astr. Mex., t. 11, p. 59-61, México, 1912).

La Biblia y la Astronomía. (Boletín del Comité Nacional Mexicano de la Alianza Científica Universal, t. 1, p. 65-74, 104-109 y 134-139, México, 1909).

Consta de las partes que siguen: 1. Consideraciones generales.- 2. Terremoto y eclipse predichos por Isaías.- 3. La Cronología bíblica y los eclipses.- 4. Los terremotos y erupciones volcánicas de la Biblia.- 5. Los fenómenos astronómicos y el fin del mundo.

El Catorce de Noviembre o las Lluvias de Leónidas y los Ciclos Astronómicos. Estudio comparativo de los períodos de máxima de las estrellas fugaces de mediados de Noviembre, en relación con el cometa I de 1866, con los Ciclos Astronómicos, con la Precisión de los Equinoccios y con las Manchas Solares. Influencia de éstas y, en general, del Sol sobre los Fenómenos Meteorológicos.- México, Imp. Hijas de F. J. Jens, 1899.-125, (1) p. 1 estado 22 cm.

Contiene: 1. El Fin del Mundo.- 2. Las Lluvias de Estrellas.- 3. Las Pseudo-auroras boreales y las antiguas lluvias de Leónidas.- 4. Los Cometas y las estrellas fugaces.- El Ciclo fluvio-estelar y los ciclos astronómicos.- 6. El Ciclo fluvio-estelar y el de la precesión de los equinoccios.- 7. Las Lluvias de Leónidas y las manchas solares.- 8. Las Manchas solares y los fenómenos meteorológicos.- 9. Resumen Leyes de los ciclos astronómicos.- Apéndice. 1. Teorías de los filósofos griegos acerca de las estrellas fugaces, auroras boreales y cometas.- 2. Al César lo que es del César.

El Ciclo de Actividad Solar y el Enjambre de Leónidas. Estudio presentado por su autor a la Sociedad Astronómica de Méjico, en la sesión del 4 de Febrero de 1903.- Méjico, Tip. de "El Tiempo," de Victoriano Agüeros, 1903.-27 p. 1 tabla 16 cm.

Le Cycle d'activité solaire et l'Essaim des Léonides. Etude presentée par son auteur dans la séance du 4 Février 1903 a la Société Astronomique du Mexique. Traduction de J. A. A.- México, Imp. de F. Díaz de León, 1903.-19 p. 24.5 cm.

Los Cometas y los Meteoritos. (En Sociedad Astronómica de México, Conferencias del Curso Popular de Astronomía, México, 1912, 22 cm., p. 211-392 ilustr.).

Cometas y Terremotos. (Bol. Soc. Astr. Mex., t. 7, p. 237-241, 255-258, 271-275, 292-297 y 329-336, México, 1908).

Contiene: Proloquio.-1. Coincidencias de descubrimientos de cometas y verificación de temblores.- 2. Aniversarios de temblores.- 3. Correlación de las erupciones del Puyehue, en Chile, y los temblores de Guerrero.- 4. Causa del terremoto de San Francisco California.- 5. Arribo de innumerables peces muertos a las costas de Yucatán.- 6. Otros grandes terremotos de 1907.-7. Las inundaciones en España y Francia.

La Cronología de los Pueblos Orientales y la Astronomía. (Bol. Soc. Astr. Mex., t. 9, p. 23-31, 61-64, 86-89, 95-100, 135-144, 160, 184-192 y 235-242, México, 1910).

Dividido en seis partes: 1a. Cronología de la India.- 2. Cronología del Irán.- 3. Cronología de los chinos.- 4. Cronología de los egipcios.- 5. Cronología de los hebreos.

El Eclipse de Sol en la muerte de Jesucristo. (Bol. Soc. Astr. Mex., t. 13, p. 79-89, México, 1914).

La Estrella Polar y el eje de la Tierra. (Bol. Soc. Astr. Mex., t. 3, p. 503-508 y 510-522, ilustr., México, 1905).

Notas acerca de las reformas del Calendario, propuestas por el Sr. Pbro. Calixto del R. Ornelas, M. S. A. (Mem. Soc. Cientif. Ant. Alzate, t. 24, p. 305-311, México, 1906).

Los Progresos de la Astronomía. (Bol. Soc. Astr. Mex., año 15, p. 5-18, México, 1916).

¿Quién fue el verdadero descubridor de las manchas solares? (Bol. Soc. Astr. Mex., t. 3, p. 345-353, México, 1904).

La Reforma del Calendario. Historia del Calendario y proyectos de la reforma del mismo, leídos, en resumen, por su autor en la Sesión solemne de Aniversario, que la Sociedad Mexicana de Geografía y Estadística celebró el día 28 de Abril de 1902 con asistencia del Sr. Presidente de la República Gral. D. Porfirio Díaz.- México, Tip. de J. Y. Guerrero y Ca., Sucs. de F. Díaz de León, 1903.-69 p. 1 lám. 4 tablas, ilustr. 24.5 cm.

Idem. (Bol. Soc. Mex. Geogr. y Estad., 5a. ép., t. 1, p. 271-318, 4 tablas, ilustr., México, 1902).

MONROY, PEDRO L.

Luz zodiacal. (Bol. Observ. Astr. N. de Tac., t. 1, p. 32-33, México, 1890-97).

MORENO Y ANDA, MANUEL, Ing.

La Carta fotográfica del cielo. (Bol. Observ. Astr. N. de Tac.,

t. 1, p. 425-428, México, 1890-97).

Relación de los trabajos realizados por los distintos observatorios que colaboran en la formación de la Carta.

El Departamento Cronográfico del Observatorio Astronómico Nacional y especificaciónde una reforma al gran cronógrafo de de Barraud & Lunds. (Bol. Observ. Astr. N. de Tac., t. 2, p. 26-33, 4 láms., México., 1897-1901).

Determinación de la altura del Observatorio Astronómico Nacional de Tacubaya. (Bol. Observ. Astr. N. de Tac., t. 1, p. 152-155, México, 1890-97).
Según el resultado de las observaciones, la altura del Instituto sobre el nivel del mar es de 2284 m. 75.

Determinación de la fecha en que se verificará la Pascua la de Resurrección. (En Anuario del Observatorio Astronómico Nacional de Tacubaya para el año de 1894, México, 1893, 17 cm., p. 198-213, 1 diagr.).

Lleva una tabla numérica de las fechas de la Pascua desde el año de 1583 hasta el de 2200.

El Regulador de los péndulos del Observatorio Astronómico Nacional. (Bol. Observ. Astr. N. de Tac., t. 1, p. 257-258, ilustr., México, 1890-97).

La Temperatura interna de la Tierra. (Mem. Soc. Cientif. Ant. Alzate, t. 9, p. 123-137, México, 1895).

Idem. (Bol Observ. Astr. N. de Tac., t. 1, p. 432-438, México, 1890-97).

MUÑOZ LUMBIER, BALTASAR

Los Aerolitos en Chihuahua. Ligeros apuntes para servir al estudio de los fierros meteóricos de la República. (Revista Científica, t. 1, n. 13, p. 1-3, México, 1880).

N

NÁJERA, JESÚS, Médico.

Ley fundamental del Movimiento Universal. Publicada por su autor, en Teocelo de Díaz (Estado de Veracruz).-Puebla, Imp. de la Escuela de Artes y Oficios del Estado, 1906.-4o.

> "No hemos visto más que el anuncio y la primera entrega de esta obra, puesta por el propio autor muy sobre las nubes, pues con mengua de la modestia, la llama" monumental obra, grandiosa obra," dice Monseñor Valverde en la p. 485 del t. 1o. de su *Bibliografía Filosófica Mexicana.*

NERVO, AMADO

Eclipse total de Sol del 30 de Agosto. (Bol. Soc. Astr. Mex., t. 4, p. 653-655, México, 1905).
Idem. (En sus Obras completas, Madrid, 1922, 18.5 cm., t. 28, p. 109-112).
La Literatura Lunar y la Habilidad de los Satélites. Trabajo leído en la Sociedad Astronómica de México, en las sesiones de los Miércoles 7 de Septiembre y 5 de Octubre de 1904. (Bol. Soc. Astr. Mex., t. 3, p. 409-423 y 443-444 y t. 4, p. 471-476 y 485-494, México, 1904-05).
Idem. (En sus Obras completas, Madrid, 1922, 18.5 cm., t. 28, p. 20-70).

NORIEGA, PEDRO Y BENÍTEZ LEAL, PEDRO

Iniciativa sobre uniformidad de la hora en la República presentada a la Junta Auxiliar de la Sociedad Mexicana de Geografía y Estadística en Monterrey. (Bol. Soc. Mex. Geogr. y Estad., 4a. ép., t. 2, p. 171-177, México, 1890).

NUÑEZ DE ARENAS, JOSÉ

Catecismo de Geografía para el uso de los Globos.- Guadalajara, Nicolás Banda, Edit., 1879.-160 p. 2 láms. 16 cm.

Contiene: Introducción.- Parte 1a. Objeto y utilidad de la Geografía. Problemas que se resuelven por el globo terrestre.- Parte 2a. Del globo celeste.- Problemas que se resuelven por el globo celeste.

NUTTALL, ZELIA

The Astronomical methods of the ancient mexicans. (Reprinted from the Boas Memorial Volume).-New York, s. i., 1906.-(2) p. 290-298, ilustr. 25.5 cm.

Las Correcciones periódicas del Antiguo Calendario Mexicano. (Traducción revisada por la autora). (An Mus. N. de Mex., 2a. ép., t. 2, p. 1-15, México, 1905).

O

OCHOA ARÍN Y PERALTA, CAYETANO

Tabla Eclesiástica astronómica que en seis ruedas y un quadro declaran el Kalendario y Lunario, en todas las fiestas movibles.- México, Imp. de la Bibliotheca Mexicana, s. a.- Hoja plegada.

Medina, *La Imprenta en México*, t. 7, p. 215.

OLIVA, ALBERTO

Fantasías.- Guadalajara, Jalisco, México, Imp. en los Talleres Gráficos "Atlas", 1925.-56 p. ilustr. 22.5 cm.

1a. parte. Un sueño.- 2a. parte. Ensueño. En la primera relata la vida y los adelantos de los habitantes de Marte, y en la segunda describe un viaje a la Luna.

OLIVA Y OROZCO, JESÚS

La esfericidad de la Tierra. Dictamen leído en la sesión que la Sociedad de Geografía y Estadística de la República Mexicana celebró el 18 de enero de 1912. (Bol. Soc. Mex. Geogr. y Estad., 5a. ép., t. 5, p. 8-17, México, 1912).

OLIVER, JOSÉ

Disertación sobre los Cometas, y sus influencias sobre la Tierra; y singularmente sobre el aparecido nuevamente en México.- México, 1683.-4o.

Beristáin, t. 2, p. 351.

ORNELAS, CALIXTO DEL REFUGIO, Pbro.

Art de faciliter la science chronologique ou réforme du calendrier. (Mem. Soc. Cientif. Ant. Alzate, t. 24, p. 27-46, México, 1906-07).
Explicación de el Calendario Circular Cronológico para el Siglo XX. Como un homenaje al Todopoderoso al fin del siglo XIX.- Puebla, Escuela Tipo-Lit. Salesiana, 1900.-25 p. 22 cm.
Explicación del Calendario Cronológico para el Siglo XX y breves reglas de Cronología práctica.- México, Oficina Tip. de la Secretaría de Fomento, 1903.-(4), 65 p. 2 tablas 23 cm.
Idem.- Puebla, Escuela Lino-Tip. Salesiana, 1921.-(8), 108 p. 2 tablas, 1 lám., 12 cuadros 23 cm.

Contiene:Introducción.-Explicación del Calendario Cronológico para el siglo XX.- Breves reglas de Cronología Práctica.- Nociones de Cronología.- Primera explicación.- Segunda explicación.- Resumen.- Arte de facilitar la ciencia cronológica o reforma del calendario.- Notas complementarias a las reglas de Cronología.- Nota novena, fecha y día de la muerte de Ntro. Señor Jesucristo.- Explicación del cuadro sinóptico cronológico para 6.000 años.

Notas complementarias a las "Breves reglas de Cronología práctica." (Mem. Soc. Cientif. Ant. Alzate, t. 26, p. 171-194, México, 1907).

OROZCO Y BERRA, MANUEL, Ing.

Códice Mendozino. Ensayo de descifración jeroglífica. (An. Mus. de Méx., t. 1, p. 120-186, 242-270 y 289-339, 1 lám. y t. 2, p. 47-82 y 205-232, 3 láms., México, 1877-82).

Los capítulos de este importante estudio relacionados con nuestro asunto, son los que siguen: 6. Cronología.- 7. Intercalación. Comparación.- 8. Nuestro sistema.- 9. El Calendario astronómico.- 10. Bibliografía.- 11. La era mexicana.

Le Calendrier Mexicain. (En Congres International des Americanistes, Compte rendu de la troisieme session, Leipzig, 1879, 24 cm., p. 625-708).

Dividido en las partes siguientes: 1. Chronologie.- 2. Intercalation.- 3. Notre systeme.-4. Le Calendrier astronomique.

ORTEGA, ELIGIO Y SANDOVAL, ROSENDO OCTAVIO

Origen y significado de los nombres de algunas constelaciones y estrellas.- Tacubaya, D.F., México, Talleres Gráficos de la Oficina de Publs. y Prop. de la Secretaría de Agricultura y Fomento, 1934.-57 p. 20 cm. (Observatorio Astronómico Nacional de Tacubaya, Universidad Nacional de México).

Sobretiro del Anuario del Observatorio Astronómico Nacional de Tacubaya para 1935.

ORTEGA Y ESPINOSA, VICENTE, Ing.

La Mecánica Newtoniana en los fenómenos que comprueban la teoría de la Relatividad.- México, Talleres de Foto-Zincografía de la Dirección de Geografía, Meteorología e Hidrología, 1934.-(2), 30 p. 22 cm. (Folleto No. 1).

ORTIZ MONASTERIO, ÁNGEL, MARINO

Navegación Astronómica. Libro primero. Hora del primer meridiano.- México, Imp. de F. J. Jens, 1888.-187 p. 2 láms. 1 tabla, ilustr. 22.5 cm.

Indice: Prólogo.- Cap. 1. Descripción de los cronómetros.- Cap. 2. Correcciones de refracción y paralelaje a las alturas de los astros. Determinación del horario en función de la altura. Discusión y cuadros sinópticos.- Cap. 3. De los estados absolutos y marchas diurnas de los cronómetros.- Cap. 4. Investigación de la marcha diurna de los cronómetros en el mar.- Cap. 5. Problemas sobre cronómetros.- Apéndice. Ley de las variaciones de la marcha diurna.- Fórmula del Mr. Lieusson.- Tablas.

OSORIO, BENAVENTURA FRANCISCO DE, C. O.

Astronómica y harmoniosa mano: Que con brevedad, y claridad da, y perpetuamente señala en una sola letra de una Coyuntura todas las fiestas, y demás días móviles, que corren desde la septuagésima hasta el fin del Adviento de cualquier año, pretérito, presente y futuro. Y juntamente con esta Mano no solamente se enseña, qué cosa sea Aureo Número, Epacta, Letra Dominical, y del Martyrologio, Cyclo Solar, Indicción, Calendas, y demás curiosidades, dignas de saberse, que aquí se contienen; sino que también se da hecho todo lo dicho; de manera, que qualquiera lo podrá fácilmente saber, y practicar. Todo lo qual sacado de varios Autores y especialmente del Sapientíssimo Padre, y célebre mathemático, Christóval Clavio de la Sagrada Compañía de

Jesús, (quien por mandato del Papa Gregorio XIII, assistió el año de 1582 a la reforma del año, y Calendario Eclesiástico, que iban errados) y assi mismo recogido, abreviado, y aclarado lo dicho. Y lo dedica afectuoso a el Doctor, y Maestro, D. Antonio de Gamboa, y Riaño, Cathedrático Proprietario de Mathemáticas en esta Real, y Pontificia Universidad de México, su Conciliario, y Diputado de Hacienda, &c. Con las licencias necessarias.-México, Imp. de la Bibliotheca Mexicana, 1757.-(6), 30 p. 1 tabla 21 cm.

P

PALACIOS, ENRIQUE JUAN, Prof.

El Calendario y los Jeroglíficos Mayas. Dibujos de Luis Orellana. (Sobretiro del Volumen-Centenario de la Sociedad Mexicana de Geografía y Estadística).-México, Edit. "Cvltvra," 1933.-183, (8) p. ilustr. 1 lám. 24 cm.

Dividido en dos partes y los capítulos que siguen:

Parte teórica. Cap. 1 Materiales de estudio.- Cap. 2. Fechas mayas. Su mecanismo.- Cap. 3. El año. Sus "portadores" o días iniciales. Grupos de años.- Cap. 4. Posiciones de los días en el año.- Cap. 5 Aritmética maya.- Cap. 6. Características de los glifos numerales.- Cap. 7 Glifos de período.- Cap. 8 Los cuatro tipos de fechas o expresiones cronológicas mayas.- Cap. 9 Rasgos y particularidades materiales de las inscripciones. Advertencias para el ensayo de descifración.
Parte práctica. Lectura de inscripciones. Cap. 1. Series iniciales y ruedas del calendario.- Cap. 2. Series secundarias.- Cap. 3. Finales del período.- Cap. 4. Series suplementarias.- Cap. 5 Correlación calendárica.- Cap. 6. Secuela de la investigación.- Bibliografía.

Christian and Maya Synchronology or Calendrical Correlation. Tulane University, New Orleans, Middle American Research Series; publication num. 4.

La Piedra del Sol y El Primer Capítulo de la Historia de México. (Mem. Soc. Cientif. Ant. Alzate, t. 38, p. 1-100, 2 láms., México, 1920).

Contiene: Introducción.- Descripción y primeras explicaciones.- Fechas.- Interpretación.-Marcas de la civilización azteca.- Discusión y arqueología comparada.- El primer capítulo de la historia mexicana.- Nombre y posición del monolito.

PALMA CAMARILLO, FRANCISCO, Pbro.

Conferencia. Eclipse total de Sol del día 10 de Septiembre de 1923.- México, Talleres Linotip. de H. Barrales Sucr., 1923.-29 p. ilustr. 22 cm.

PALMER, FANNY WILSON

Una ojeada sobre los conocimientos astronómicos de los antiguos mexicanos. (Rev. Soc. Est. Astr. y Geof., v. 1, n. 4, p. 44-54, ilustr., México, 1929).

PÁRAMO Y RANGEL, PRÓSPERO

El Cometa de Halley en el año de 1835. (Bol. Soc. Mex. Geogr. y Estad., 5a. ép., t. 4, p. 325-332, México, 1910).

PASO Y TRONCOSO, FRANCISCO DEL

Calendario de los Tarascos. (An. Mus. N. de Méx., t. 4, p 57-63, México, 1887).
Ensayo sobre los símbolos cronográficos de los mexicanos. (An. Mus. N. de Méx., t. 2, p. 323-430, 4 láms., México, 1882). Sin concluír.

"Consta este Ensayo -dice su autor- de tres partes. Doy en la primera una ligera idea de algunos conocimientos astronómicos de los Indios, poniendo ese estudio en primer término, porque así se le facilitará al lector la inteligencia de lo que sigue. La segunda parte es una simple reproducción del ensayo que dediqué en Enero de 1879 a los Sres. D. Manuel Orozco y Berra y D. Gumesindo Mendoza. Como mi sistema relativo a los símbolos cronográficos disiente algo de las ideas emitidas por los anteriores, en la tercera parte hago un estudio comparativo para sostener mis opiniones."

PASTRANA, MANUEL E., Ing.

Determinación de la longitud geográfica por alturas iguales de la Luna y el Sol durante un eclipse solar. (Bol. Soc. Astr. Mex., t. 7, p. 208-220, México, 1908).
Ligero estudio sobre la posibilidad de la construcción de instrumentos astronómicos registradores para tiempo y Latitud. Trabajo leído en la sesión del 9 de Mayo de 1900 de la Asociación de Ingenieros y Arquitectos de México.- México, Oficina Tip. de la Secretaría de Fomento, 1900.-18 p. 5 láms. 23 cm.
Idem. (An. Asoc. Ing. y Arq. de Méx., t. 9, p. 77-92, 5 láms., México, 1900).

Véase también México (Ciudad).- Observatorio Meteorológico Central.

PÉIMBERT, ÁNGEL, Ing.

Panegírico pronunciado por su autor en honor del sabio mexicano Don Francisco Díaz Covarrubias, en la Velada Literaria que tuvo lugar el día 29 de Octubre de 1909 en el Salón de Actos de la Asociación del Colegio Militar. México.- Oaxaca, Imp. de Julián S. Soto, s. a.- 16 p. 19.5 cm.

PÉREZ, JUAN PÍO

An almanac, adjusted according to the Chronological calculation of the ancient indians of Yucatan, for the years 1841 and 1842. (En Stephens, John L., *Incidents travel in Central America, Chiapas and Yucatán*, 12th ed., New York, 1847, 24 cm., t. 1, p. 448-459).

Ancient chronology of Yucatan; or, a true exposition of the method used by the indians for computing time. (En Stephens, Jonh L., *Incidents travel in Central America, Chiapas and Yucatan*, 12th ed., New York, 1847, 24 cm., t. 1, p. 434-459).

Contiene: 1o. Origin of the Period of 13 Days (triadecateriadas).- 2o. The Weeks.- 3o. The Month.- 4o. The Year.- 5o. The Bissextile.- 6o. Katun, or Cycle.- 7o. Of the Indiction and Cycle of 52 years, or Katun.- 8o. Of the great Cycle of 312 Years, or Ajau Katnes.

PÉREZ, MIGUEL, Ing.

Discurso pronunciado a nombre de la Sociedad Mexicana de Historia Natural en la Velada que la Sociedad Mexicana de Geografía y Estadística dedicó a la memoria de su ilustre corresponsal el Padre Angelo Secchi. (Boletín del Ministerio de Fomento, t. 4, p. 131-132, México, 1879).

Véase también México (Ciudad).-Observatorio Meteorológico Central.

PRADO, LUIS GRACIÁN

Ábaco para determinar el día de la semana de cualquier fecha. (En Anuario del Observatorio Astronómico Nacional de Tacubaya para el año de 1931, Tacubaya, 1930, 19.5 cm., p. 265-267).

PRIETO, SOTERO, Ing.

Observaciones sobre un estudio del Sr. D. Jesús Gasca relativo al Cometa de Halley. (Sociedad Científica "Antonio Alzate," Rev. Cientif. y Bibliogr., t. 32, p. 25-31, México, 1911-12).

PUEBLA (CIUDAD).-COLEGIO CATÓLICO DEL SAGRADO CORAZÓN DE JESÚS

Observaciones astronómicas. Año de 1880.
Observaciones Astronómicas del Colegio Católico del Sagrado Corazón de Jesús en Puebla. Año de 1881.- Puebla, Imp. del Colegio de Artes y Oficios, 1882.- 12 p. 21.5 cm.
Observaciones astronómicas. Año de 1882.
Observaciones astronómicas del Colegio Católico del Sagrado Corazón de Jesús en Puebla. Año de 1883.- Puebla, Tip. del Colegio Pío de Artes y Oficios, 1884.- 20 p. 1 estado 21 cm.
Observaciones astronómicas del Colegio Católico del Sagrado Corazón de Jesús en Puebla. Año de 1884.- Puebla, Imp. del Colegio Pío de Artes y Oficios, 1884.-22 p. 21.5 cm.
Observaciones astronómicas del Colegio Católico del Sagrado Corazón de Jesús en Puebla. año de 1885.- Puebla, Imp. del Colegio P. de Artes y Oficios, 1886.- 5, (6) p. 21.5 cm.

QUIJANO, FIACRO, Ing.

Véase Mazatlán.- Observatorio Astronómico y Meteorológico.

R

RAMÍREZ, JOSÉ FERNANDO, Abogado

Apuntes de la Cronología de Sahagún. (An. Mus. N. de Méx., t. 7, p. 137-166).

Divididos en dos partes: 1a. Calendario.- 2a. Tonalamatl.

Calendario Matlaltzinca. (An. Mus. N. de Méx., 2a. ép., t. 2, p. 377-386, México, 1905).

Contiene: Advertencia.- Observacione.- Nombres de los meses.

Cronología de Boturini. (An. Mus. N. de Méx., t. 7, p. 167-194, México, 1903).

Contiene: Introducción.- 1. Origen del Calendario.- 2. Estaciones, vientos cardinales, sus símbolos y deidades.- 3. Formación y corrección del Calendario.- 4. Distribución del tiempo.- Extractos de la Historia general de la América Septentrional por D. Lorenzo Boturini.

RAMÍREZ, JUAN

Algunas palabras sobre nociones que se refieren al tiempo. (Bol. Soc. Astr. Mex., t. 4, p. 656-660 y 663-670, México, 1905).

RAMÍREZ, MANUEL

Física estelar. (En Conferencias científicas de los alumnos de la Escuela N. Preparatoria en el período del primero de junio al nueve de agosto próximo pasado, México, 1891, 20.5 cm., p. 35-57).

RANGEL, JOSÉ FRANCISCO DIMAS

Advertencias para el buen uso de los relojes de faltriquera y para hacer juicio de su bondad.- México, 1787.-8o.

Beristáin, t. 3, p. 9.

Carta al autor de la Gaceta de literatura, que contiene varias reflexiones tocante al sistema de D. Antonio de León y Gama, y al pie de ellas ciertas notas de un anónimo. (En Alzate y Ramírez, José Antonio, Gacetas de Literatura de México, 2a. ed., t. 2, p. 145-158, Puebla, 1831).
Impugnación del sistema de la formación de las auroras boreales de D. Antonio Gama.- México, 1791.-4o.

Beristáin, t. 3, p. 9.

RAYNAUD, GEORGES

Duración real del año maya-mexicano. (Rev. Mex. de Est. Hist., t. 2, p. 107-117, México, 1928).

Estudio traducido del francés por D. J. M. González de Mendoza.

Fijación exacta en el calendario juliano de las fechas de la historia maya. Primer artículo. Procedimiento postcolombino. (An.

Mus. N. Arq. Hist. y Etnogr., 4a. ép., t. 6, p. 418-425, México, 1930).

Traducción de D. J. M. González de Mendoza.

REBOLLAR, RAFAEL, Abogado

Los Progresos de la Astronomía en el año de 1906. (Bol. Soc. Astr. Mex., t. 5, p. 913-919, México, 1907).

RENDÓN DE LA GUERRA, DIEGO

Arte de Conjunción, reglas ciertas y seguras para saber cada mes el día de conjunción natural por la cuenta de la Epacta.- México, 1751.-8o.

Medina, *La imp. en Méx.*, t. 5, p. 164.

REYES, VICENTE, Ing.

La Luna y la Meteorología. Memoria presentada a la Sociedad Mexicana de Geografía y Estadística por su socio honorario el Ingeniero Civil que suscribe. (Bol. Soc. Mex. Geogr. y Estad., 3a. ép., t. 4, p. 283-297, México, 1878).

REYGADAS, FERMÍN DE

Idea Astronómica. El sistema copernico censurado. Su autor Sadagier. Publícala D. Fermín de Reygadas. Primera parte.- México, Arizpe, 1812.-40 p. 20 cm.

Spain and Spanish America in the Libraries of the University of California a Catalogue of books, Berkeley, 1930, t. 2, p. 527.

RICALDE, GRACIANO

Eclipse total de Sol para el 10 de Septiembre de 1923. Expedición Geodésica en Yucatán. Calculó: G. Ricalde.-[Merida], Imp. y Lit. Gamboa Guzmán, s. a.-(2), 8 p. 1 carta 14.5 x 20 cm.

RINCÓN GALLARDO, FRANCISCO

Aperçu sur l'origine de la Chaleur de la lumiére du Soleil.- París, Imp. de F. Merckel, 1911.-(2), 16 p. 17.5 cm.

Quelques Considérations sur les Fausses Queues des Cometes.- París, Imp. de F. Merckel, 1912.-(2), 20 p. 17.5 cm.

RIVERA, FELIPE, Abogado

Oración fúnebre. Pronunciada por su autor en la solemne velada que la Sociedad Astronómica de México organizó en memoria de su Fundador y Secretario General perpetuo, Profesor D. Luis G. León, el 14 de Junio de 1913. (Bol. Soc. Astr. Mex., t. 12, p. 111-115, México, 1913).

> Hablando de las demás producciones del Lic. Rivera, dice un anónimo: "En *El Obrero* y *La Democracia*, periódicos que sucesivamente se han publicado en Zinapécuaro, y últimamente en el *Periódico Oficial de Michoacán*, se han dado a luz diversos artículos sobre los principales acontecimientos astronómicos ocurridos en la última decena del siglo XIX.

"El Cometa que en Marzo de 1892 apareció en el cuadrado de Pegaso; la descripción del cielo de México en cada uno de los meses del año; la reunión de la mitad del sistema planetario en la constelación de los Gemelos (Julio de 1895); una reseña hisótrica de los eclipses totales de Sol en el siglo XIX; la observación personal del eclipse total de Sol el 28 de Mayo de 1900, y la descripción del gran fenómeno, y algunos discursos que sobre el cielo estrellado, el Sol y la Vía-lactea ha pronunciado en veladas literarias, han sido hasta hoy sus principales producciones sobre Astronomía. Ultimamente se ha dedicado a escribir un tratado de Uranografía popular, para dar a conocer todas las constelaciones y sus principales estrellas por medio de alineamientos, sin necesidad de maestro, dando a la vez la historia mitológica de cada uno de sus asterismos (sic)."

RIVEROL, JUAN ESTEBAN, Pbro.

Secretario físico, descubierto hasta ahora en todo lo criado.- México, Imp. por Mariano Arévalo, 1837.-8 p. 22 cm.

Sobre los cometas.

ROBELO, CECILIO AGUSTÍN, Abogado

El Calendario Perpetuo y la Mnemotécnia.- Cuernavaca, 1888.- 16 p. 4o.
Idem. (Cosmos, t. 1, p. 209-213, México, 1892).
Las Grandes Estrellas.-[Cuernavaca], s. i., 1895.-(2), 4 p. 20.5 cm.

En verso y con anotaciones.

Origen del Calendario Náhuatl. Estudio presentado a la Escuela Internacional de Arqueología Americana, como Representante

del Gobierno Mexicano, en Septiembre de 1910. Publicado en la Crónica del XVII Congreso Internacional de Americanistas.- México, Imp. del Museo N. de Arqueología, Historia y Etnología, 1912.-15 p. 23 cm.
Idem. (An. Mus. N. Arq. Hist. y Etnol., t. 3, p. 337-350, 4 láms., México, 1911).
¿Qué día es...? (Cosmos, t. 1, p. 241-243, México, 1892).

RODRÍGUEZ, CARLOS

Corrección de una órbita cuando se conocen sus elementos aproximados. (Bol. Observ. Astr. Nacl., n. 6, p. 215-216, México, 1920).
Determinación de las órbitas de estrellas dobles. (Bol. Observ. Astr. Nacl., n. 1, p. 9-12, México, 1912).
Idem. (En México.- Secretaría de Fomento, Memoria presentada al Congreso de la Unión, 1910-1911, México, 1912, 30 cm., p. 107-111).
Nuevo método para la determinación y corrección de las órbitas basado en las ideas de Laplace. (Bol. Observ. Astr. Nacl., n. 5, p. 185-198, México, 1916).
Relación entre las coordenadas de una estrella en dos placas de diferente centro. (Bol. Observ. Astr. Nacl., n. 5, p. 199-202, México, 1916).
Resumen de las fórmulas para el cálculo de las órbitas. (Bol. Observ. Astr. Nacl., n. 6, p. 217-222, México, 1920).
Sobre el ajuste o enlace de las placas del catálogo astrográfico. (Bol. Observ. Astr. Nacl., n. 3, p. 94-101, México, 1912).

RODRÍGUEZ, DIEGO, O. M.

Arte de fabricar relojes horizontales, verticales, &c. con declinaciones y sin ellas; por senos rectos o tangentes.- Ms.

Según Beristáin se hallaba en la biblioteca del Convento grande de la Merced de México.

Discvrso etherologico del nvevo Cometa, visto en aqueste Hemisferio Mexicano; y generalmente en todo el mundo. Este año de 1652. Decifrado a la Immaculada Concepción de Maria Santissima, Madre, y Señora nuestra Dedicado A la Gloriosissima, y Admirable Santa Rita de Cassia, de la Esclarecida Religión del Gran Padre y Patriarca San Agustin, Doctor de la Iglesia. Con licencia.- México, por la Biuda de Bernardo Calderón, 1652.-(4), 32 p. 20.5 cm.

Dividido en la forma que sigue: 1. A la Immacvlada Concepción de Maria Santissima.- 2. Progenie de los Cometas, su Propagación, y Nombres, según los Etnicos.- Verdadera progenie de los Cometas y sus especies.- 4. Es el sitio de los Cometas en el cielo; de la Luna para arriva.- Deslíndase la materia de los Cometas coecelestes.- 6. De la cavsa formal de todos los Cometas.- 7. De las dos cavsas de los Cometas Eficientes, y Final. Efectos bvenos y malos de los Cometas.- 9. Descripsion y señales admirables de nuestro Cometa.- Prosopopeya. Introdúcese el Cometa en persona de Mercurio, (como de su naturaleza que es) conversando con la Paloma de Noé.

RODRÍGUEZ REY, FRANCISCO, Ing.

Eclipse Total de Sol que se verificará el 28 de Mayo de 1900. Trabajo presentado a la Sociedad de Ingenieros y Arquitectos de México.- México, Oficina Tip. de la Secretaría de Fomento, 1898.-56 p. 2 mapas, 23 cm.

Idem. (An. As. Ing. y Arq. de Mex., t. 7, p. 134-187, 2 mapas, México, 1898).

Idem. (Bol. Observ. Astr. N. de Tac., t. 2, p. 154-180, México, 1897-1900).

Fenómenos celestes. Tránsito de Venus. Diciembre 6 de 1882. Fases del tránsito para el centro de la tierra. (Revista Científica, t. 1, n. 19, p. 11-15, México, 1882).

La Luna. (En Anuario del Observatorio Astronómico Nacional de Tacubaya para el año de 1885, México, 1884, 17 cm., p. 213-282, 2 láms.

Dividido en cinco partes: Generalidades.- Selenografía.- Meteorología lunar.- Habilidad de la Luna.- Influencias de la Luna.

Saturno y su sistema. (En Anuario del Observatorio Astronómico Nacional de Tacubaya para el año de 1886, México, 1885, 17 cm., p. 207-234, 2 láms.).

Tránsito de Mercurio. Noviembre 7 de 1881. Observación hecha en el Observatorio de Minería. (An Min. Fom. Rep. Mex., t. 7, p. 267-269, México, 1882).

Idem. (Revista Científica, t.1, n. 23, p. 11-12, México, 1882).

ROE, AURORA

El Aerolito de Chiche. (Bol. Soc. Astr. Mex., t. 5, p. 843-844, México, 1906).

ROMO, MANUEL A.

Elementos de Cronología.- Toluca, Tip. del Instituto Literario, dirigida por Pedro Martínez, 1870.-79 p. 2 tablas, 3 láms. 21 cm.

Idem. 2a. ed.- México, Tip. "El Gran Libro," 1887.-109 p. 3 láms. 2 tablas 15 cm.

Índice: El Día.- La Hora.-La Semana.- El Mes.-El Año.- Calendario.- Concordancias de los Calendarios Gregoriano y Republicano.- El Siglo.- Los Ciclos.- La Olimpiada.- El Lustro.- La Indicción.- Número aureo.- La Epacta.- Ciclo solar.- Letra dominical.- La Pascua.- Tabla para encontrar las letras dominicales hasta el año de 2799.- Fiestas fijas y movibles.- Períodos.- De las Eras.- Épocas.- Épocas para el estudio de la Historia de México.- Tabla del Calendario Juliano.-Tabla del Calendario Mexicano.

ROSA, AGUSTÍN DE LA, Pbro.

Adiciones hechas a las Lecciones de Astronomía que publicó para el uso del Seminario de esta Ciudad.- Guadalajara, Antigua tip. de Dionisio Rodríguez, 1882.-16 cm.

La Cuestión de Galileo discutida matemática y astronómicamente.- S. p. i. Guadalajara.- 23 p. 27.5 cm.

Sobretiro de *La Religión y la Sociedad*, Guadalajara. Contiene: 1. Breve exposición de los sistemas astronómicos. Pruebas de que no se encontraba entre los católicos entendidos la preocupación religiosa que se les quiere atribuir por el sistema de Tolomeo.- 2. Observaciones sobre algunas aserciones de Galileo.- 3. Se fijan y se discuten los puntos de que depende la solución científica de la cuestión de Galileo.

La Cuestión de Galileo en lo relativo a la consideración de la Tierra como centro del Mundo, discutida matemáticamente y astronómicamente. 3a. ed.- Guadalajara, Imp. de N. Parga, 1884.-31 p. 22 cm.

Lecciones de Astronomía.- Guadalajara, Tip. de Brambila, 1853.-60 p. 2 láms. 16 cm.

Idem. Guadalajara, Tip. del gobierno, a cargo de Luis P. Vidaurri, 1859.-68, (4) p. 2 láms. 15.5 cm.

Contiene: Esfera celeste.- Observaciones.- Esfera terrestre.- Figura de la tierra.- Se explica la rotación diurna del cielo.- Diversas posiciones de la esfera.- Fenómenos propios de la posición recta de la esfera.- Fenómenos propios de la posición paralela de la esfera.- Fenómenos propios de la posición oblicua de la esfera.- Modo de designar la posición de los astros en el cielo.- Paralelaje.- Paralelaje anual.- Efectos astronómicos de la refracción de la luz en la atmósfera.- Aberración de la luz.- De los cuerpos celestes.- Las estrellas. Las nebulosas.- La Vía lactea.- Sistema planetario.- Nociones generales.- Varias hipótesis que ha habido para explicar el sistema planetario.- Leyes de Kepler.- Se explican los movimientos de los planetas por la atracción universal, y se discute al mismo tiempo la primera cuestión sobre el centro del sistema planetario.- Se discute la segunda cuestión dónde debamos considerar el centro del universo.- De los cuerpos de nuestro sistema en particular.- El Sol.- Fenómenos del Sol.- Planetas inferiores.- Pasos de Venus por el Sol.- La Luna.- Explicación de los eclipses del Sol y de la Luna.- Planetas superiores.- Marte.- Planetas intermedios de Marte a Júpiter.- Júpiter.- Saturno.- Urano y Neptuno.- Movimientos directos y retrógrados, y estaciones de los planetas en el Zodiaco.- Explicación de este fenómeno relativa a los planetas inferiores.- Explicación relativa a los planetas superiores.- Sombras de los planetas.- Cometas.- Tablas.

Idem.- Guadalajara, Imp. del orfanatorio del S. C. de Jesús, 1893-94.-2 op. (1a. parte 64 p.; 2a. parte 32 p. 2 láms.) 15 cm. la segunda parte fue impresa en la Imp. de Ancira y Hno. Creemos que existirá una tercera, por no terminar en aquélla el texto de la obra.

Una explicación sobre la cuestión de Galileo en el sentido en que se trató en "La Religión y la Sociedad."- Guadalajara, Imp. de N. Parga, 1876.-12 p. 21 cm.

La cuestión de Galileo.- Guadalajara, Imp. de N. Parga, 1876.-8 p. (13-20) 21 cm.

Continuación del opúsculo anterior.

ROSALES DE LA VEGA, J.

Un detalle sobre Cronología. (Estudio dedicado a la Sociedad Astronómica de México). Reglas para encontrar el día de la Semana correspondiente a una fecha de la Era vulgar. (Bol. Soc. Astr. Mex., t. 12, p. 165-173, México, 1913).

ROUGIER, FÉLIX, M. S. S.

Conferencia sobre las Estrellas.- México, s. i., junio de 19 4.- 15 7 láms. 22.5 cm. Anónima.

RUDAUX, LUCIEN

El Observatorio del aficionado. (Bol. Soc. Astr. Mex., t. 3, p. 339-344, ilustr., México, 1904).

RUIZ, JUAN

Discvrso hecho sobre la significación de dos impressiones meteorológicas que se vieron el año passado de 1652. La primera de vn Arco que se terminaba de Oriente a Occidente a 18 de Noviembre y la segunda del Cometa visto por todo el Orbe terrestre desde 17 de Diziembre del mesmo año de 1652. Con licencia de Nuestros Superiores.- México, en la imp. de su Autor, 1653.-10 f. 20 cm.

RUIZ Y FLORES, MAXIMINO, Ob. tit. de Derbe

La Iglesia y Galileo. Conferencia leída por su autor, en la Pontificia Universidad Mexicana, la noche del miércoles primero del corriente Diciembre. (Gaceta Oficial del Arzobispado de México, 2a. ép., t. 4, p. 341-355, México, 1909).

RUSELL, H. C.

Progreso de la fotografía astronómica. Traducción del inglés. (En Anuario del Observatorio Astronómico Nacional de Tacubaya para el año de 1896, México, 1895, 17 cm., p. 166-218).

S

SADAGIER

Véase Reygadas, Fermín de

SAHAGÚN, BERNARDINO DE, O. F. M.

Kalendario Mexicano-Latino y Castellano. (Boletín de la Biblioteca Nacional de México, t. 12, p. 189-221, 11 láms., México, 1918).

Precedido de una introducción bibliográfica por Juan B. Iguíniz. El original forma parte de la colección de manuscritos de la Biblioteca Nacional.

SALAMANCA, IGNACIO, Gral.

Los progresos de la Astronomía en el año de 1909. (Bol. Soc. Astr. Mex., t. 9, p. 7-18, México, 1910).

SALAZAR ILARREGUI, JOSÉ, Ing.

Datos de los trabajos astronómicos y topográficos, dispuestos en forma de diario practicados durante el año de 1849 y principios de 1850 por la Comisión de Límites Mexicana en la línea que divide esta República de la de los Estados Unidos, por el geómetra de dicha Comisión. Ed. de La Civilización.- México, Imp. de Juan R. Navarro, 1850.-123 p. 1 mapa 24 cm.

SALES CEPEDA, MANUEL

Panegírico de Leverrier. (Bol. Soc. Mex. Geogr. y Estad., 5a. ép, t. 4, p. 338-347, México, 1910).

SALVATIERRA GARCÍA Y MONROY, CRISTÓBAL ANTONIO

Breve explicación para saber sacar por Arithmetica el Cómputo Eclesiástico y todas las fiestas mobibles. Con las licencias necesarias.-[México], en la Imp. del Nuevo Rezado de los Heredoros de D. María de Rivera, s. a.-(16) p. 15 cm.

Cálculo Astronómico.- México, 1756.-8o.

Beristáin, t. 3, p. 103.

SÁNCHEZ, PEDRO C., Ing.

Medida del tiempo y problemas que a él se refieren. (En Anuario del Observatorio Astronómico Nacional de Tacubaya para el año de 1917, México, 1916, 20 cm., p. 252-268).
Idem. (En anuario del Observatorio Astronómico Nacional de Tacubaya para el año de 1918, México, 1917, 21.5 cm., p. 242-258).

SÁNCHEZ SUÁREZ, RAQUEL

Un viaje por el cielo en el mes de Septiembre. (Bol. Soc. Astr. Mex., t. 3, p. 394-399, México, 1904).

SÁNCHEZ SUÁREZ, SOLEDAD

El Telespectógrafo "Heredia." (Bol. Soc. Astr. Mex., t. 5, p. 759-762, 1 lám., México, 1906).

Refiérese al aparato inventado por el P. D. Gustavo de Heredia, S. J.

SANDOVAL, ROSENDO OCTAVIO

Some facts about secular variations of the Earths magnetism. En E. U. A National Research Council, Transactions of the American Geophysical Union fifteenth anual meeting, Washington, 1934, 25 cm., part 1, p. 167-169).

Véase también Ortega, Eligio y Sandoval, Rosendo Octavio.

SANDOVAL VALLARTA, MANUEL, Ing.

Galileo ante la Inquisición. (22 de junio de 1663). (Bol. Soc. Mex. Geogr. y Estad., t. 44, p. 111-126, México, 1934).

SCHIAPARELLI, GIOVANNI.

Consideraciones sobre el movimiento rotatorio del Planeta Venus. (Traducción del italiano por A. Anguiano). (Bol. Observ. Astr. N. de Tac., t. 1, p. 62-73, 91-97, 130-135 y 186-194, México, 1890-97).

SCHULTZ, ENRIQUE E., Ing.

Curso Elemental de Geografía destinado a la enseñanza de esta asignatura en los primeros años de estudios en las escuelas secundarias de la República Mexicana. Primera parte. Geografía fundamental. Libro primero. Preliminares y Geografía

Astronómica.- México, D. F., Sociedad de Edición y Librería Franco Americana, S. A. (Antigua Librería de Ch. Bouret), 1925.- xiv, 105 p. ilustr. 23.5 cm.

Contiene: A. Preliminares.- B. Geografía fundamental.- I. Introducción. -II. Principios fundamentales de la Geografía Astronómica.- Cap. 1o. La Tierra en el Universo.- Cap. 2o. Principales propiedades de la Tierra como cuerpo astronómico.- Cap. 3o. Aplicaciones más importantes de la Geografía Astronómica.

SERDÁN, ROQUE

El Cambio de Rotación de los Planetas, o la Grandiosa Obra del Hacedor Supremo. Aspecto del firmamento. Consecuencias precisas de la rotación sobre su eje del globo de la tierra. Observaciones y descripciones interesantes de la superficie interior y exterior de los astros. Formación de los planetas. Venida de un nuevo mundo. Lo que constituye o significa un cometa. Explicación del caos. Precedentes de la creación. Motivo del diluvio. Revolución y movimiento universal de todos los cuerpos celestes.- Puebla, Imp. del Editor P. N. Alarcón, 1872.- viii, 289 p. retr. 15.5 cm.

SHARPLESS, ISAAC

Nuevos estudios sobre las estrellas. Traducción del inglés por F. Valle. (En Anuario Astronómico Nacional de Chapultepec para el año de 1882, México, 1881, 17 cm., p. 236-262).

SIGÜENZA Y GÓNGORA, CARLOS DE, S. J.

Libra Astronomica y Philosofica en que Examina no solo lo que a su Manifiesto Philosophico contra los Cometas opuso el

R. R. Eusebio Francisco Kino de la Compañía de Jesús; sino lo que el mismo R. P. opinó, y pretendió haber demostrado en su Exposición Astronómica del Cometa del año de 1681. Sácala a luz D. Sebastian de Gvzman y Córdova Fator, Veedor, Proveedor, Iez Oficial de la Real Hazienda de su Magestad en la Caxa desta Corte.- México, por los Herederos de la Viuda de Bernardo Calderon, IXI.DC.XC.-(24), 188 p. 20 cm.

Manifiesto filosófico contra los Cometas.- México, 1681.-4o.

"Dio motivo a este opúsculo -dice Beristáin- el cometa que comenzó a verse en México el mes de Noviembre de 1680. Reinaba todavía en el vulgo de los filósofos la opinión de que estos fenómenos eran fatal anuncio de alguna desgracia pública; y nuestro autor como mejor físico y astrónomo, y crítico ilustrado, trató de despojar a los cometas del imperio que tenían sobre los tímidos y de refutar las vulgaridades. Pero contra dicho manifiesto cortaron las plumas tres filomatemáticos de este reino. El Primero fue D. José Escobar Salmerón, doctor médico, a quien no quiso contestar nuestro Sigüenza. El segundo fue el P. Eusebio Kino, jesuita alemán, que acababa de llegar a México. A este contestó D. Carlos con el siguiente opúsculo: "*Libra Astronómica.*" Imp. en México por Calderón, 1690. 4. Título que usó el P. Horacio Graffis en su opúsculo contra Guidecio y Galileo sobre el cometa del año 1618. Otro impugnador fue D. Martín de la Torre, caballero flamenco, que se hallaba desterrado en Yucatán, y contra éste escribió Sigüenza "El Belerofonte Matemático contra la Quimera Astrológica de D. Martín de la Torre." Quedóse MS. este opúsculo; pero según lo que él refiere el peritísimo náutico, e hidráulico, Don Sebastián de Guzmán, discípulo del insigne matemático Ruesta, en el Prólogo a la Libra Astronómica, contenía cuantos primores y sutilezas gasta la trigonometría en la investigación de las paralajes y refracciones, y la teoría de los movimientos de los cometas, ya sea por una trayección rectilínea en la hipótesis de Copérnico, o ya por espiras cónicas en los vórtices castesianos."

Tratado sobre los Eclipses de Sol.- Ms.

"D. Sebastián Guzmán en su prólogo a la Libra Astronómica -asienta Beristáin- habla de este tratado, en el qual (dice) de un modo admirablemente fácil, y jamás usado hasta entonces se computaban los eclipses en el grado 90° desde el ascendente en todos sus términos: y los eclipses calculables en los puntos de Oriente y Occidente, sin respecto a sus paralajes."

Ciclografía Mexicana.- Ms.

"Obra de mucho mérito -dice Beristáin- en la cual por el cálculo de los eclipses y cometas de que hacían memoria los papeles de los Indios, ajustó Sigüenza exactamente sus épocas a las de Europa, y expresó el verdadero modo de contar sus siglos, años y meses. La tradujo al italiano Carreri, la leyó D. Sebastián Guzmán, y la citan Pinelo y D. Nicolás Antonio."

SOCIEDAD ASTRONÓMICA DE MÉXICO

Boletín de la Sociedad Astronómica de México. Revista Mensual de Astronomía, Meteorología y Física del Globo.- México, 1902-1919.-14 v.ilustr. 20 cm.

Circulares.

La Secretaría de la Sociedad Astronómica acostumbraba comunicar a sus socios por medio de circulares impresas, aquellas noticias de interés inmediato para las observaciones. Conocemos la número 15, pero ignoramos cuantas aparecerían.

Conferencias del Curso Popular de Astronomía desarrollado por la Sociedad Astronómica de México en el anfiteatro de la Escuela Nacional Preparatoria Durante los meses de Agosto, Septiembre, Octubre y Noviembre de 1911.- México, Imp. y Fototip. de la Secretaría de Fomento, 1912. 417 p. ilustr. 22 cm. (Sociedad Astronómica de México).

Contiene:

Introducción por D. Luis G. León.

Los Fundadores de la Astronomía por D. Luis G. León.

El Sol como manantial de calor y de vida, por D. Luis G. León.

Los Planetas Mercurio y Venus, por la Srita. Guadalupe Aguilar y Velázquez.

La Tierra y su atmósfera, por D. Luis G. León.

El Planeta Marte, por D. Luis G. León.

Los Planetas Júpiter y Saturno, por la Srita. Clotilde González García.

Los Planetas Urano y Neptuno, por la Srita. María de la Luz Magaña.

La Medida del Tiempo, por D. Luis G. León.

Los Asteroides, por D. Gabriel F. Aguillón.

Las estrellas y el Espectroscopio, por D. Luis G. León.

Los Cometas y los Meteoritos, por D. Manuel Miranda y Marrón.

Aplicaciones de la Fotografía a la Astronomía, por D. Luis G. León.

Discurso de clausura, por la Srita. Isabel González García.

Reseña de los trabajos de la Sociedad Astronómica de México, en el año de 1903, presentada por el Secretario General D. Luis G. León, en la Asamblea General del Miércoles 2 de Diciembre. (Bol. Soc. Astr. Mex., t. 2, p. 217-223, México, 1904).

Reseña de los trabajos de la Sociedad Astronómica de México en el año de 1904, presentada por el Secretaria General D. Luis G. León, en la Asamblea General del Miércoles 7 de Diciembre. (Bol. Soc. Astr. Mex., t. 3, p. 453-460).

Reseña de los trabajos de la Sociedad Astronómica de México, en el año de 1905, presentada por el Secretario General Perpetuo, en la Asamblea General del Miércoles 6 de Diciembre.

(Bol. Soc. Astr. Mex., t. 5, p. 687-696, México, 1906).

Reseña de los trabajos de la Sociedad Astronómica de México, en el año de 1906, presentada por el Secretario General Perpetuo, en la Asamblea General del Miércoles 5 de Diciembre. (Bol. Soc. Astr. Mex., t. 5, p. 919-929, México, 1907).

Reseña de los trabajos de la Sociedad Astronómica de México, en el año de 1907. (Bol. Soc. Astr. Mex., t. 7, p. 161-174, México, 1908).

Informe de los trabajos de la Sociedad Astronómica de México en el año de 1908. (Bol. Soc. Astr. Mex., t. 8, p. 397-409, México, 1909).

Informe de los trabajos de la Sociedad Astronómica de México en el año de 1909. (Bol. Soc. Astr. Mex., t. 9, p. 40-52, México, 1910).

Informe de los trabajos de la Sociedad Astronómica de México en el año de 1910. (Bol. Soc. Astr. Mex., t. 10, p. 304-315, México, 1911).

Informe de los trabajos de la Sociedad Astronómica de México en el año de 1912 (sic). (Bol. Soc. Astr. Mex., t. 11, p. 16-27, México, 1912).

Informe de los trabajos de la Sociedad Astronómica de México en el año de 1912. (Bol. Soc. Astr. Mex., t. 12, p. 57-62, 70-72 y 89-90, México, 1913).

Subscrito, como los anteriores, por el Secretario General de la Sociedad D. Luis G. León.

La Sociedad Astronómica de México en el año de 1913. Informe de la Secretaría General de la Sociedad leído en la sesión del día 3 de Diciembre. (Bol. Soc. Astr. Mex., t. 13, p. 3-12, México, 1914).

Subscrita por la Sra. Profa. Dolores García de León.

El Tercer Aniversario de la fundación de la Sociedad Astronómica de México. Trabajos leídos en la sesión solemne del Miércoles 1o. de Marzo de 1905.- México, Tip. de Aguilar e hijos, 1905.-26 p. 20 cm.

Contiene: El Observatorio Astronómico "Francisco Díaz Covarrubias," algunas noticias y descripción del edificio, Notas biográficas de aquel eminente astrónomo mexicano, por D. Jesús Galindo y Villa.-Abismo del infinito, poesía por D. Manuel Miranda Marrón.-Las Estrellas, recitación -Astrónomos profesionales y astrónomos aficionados, por D. Luis G. León.

SOCIEDAD DE ESTUDIOS ASTRONÓMICOS Y GEOFÍSICOS

Primer informe del Presidente de la Sociedad de Estudios Astronómicos y Geofísicos, en el Primer Aniversario de su fundación. (Rev. Soc. Est. Astr. y Geof., v. 2, n. 1, p. 2-5, México, 1930).

Subscrito por el Ing. D. Joaquín Gallo.

Informe de las labores de la Sociedad en su segundo ejercicio social. (Rev. Soc. Est. Astr. y Geof., v. 2, n. 5, p. 76-77, México, 1930).

Subscrito por el Ing. D. José C. Gómez.

Revista de la Sociedad de Estudios Astronómicos y Geofísicos.- México, 1929-31.-3 v. ilustr. 23 cm.

El primer volumen consta de 5 números, el segundo de 5 y el último de 3.
La comisión encargada de su publicación la integraban los Ings. D. José C. Gómez, D. Luciano López Sorcini y D. Sotero Prieto.

SOLÓRZANO, JUAN B.

Calendario perpetuo. (En Anuario del Observatorio Astronómico Nacional de Tacubaya para el año de 1933, Tacubaya, 1932, 19 cm., p. 30, 1 gráf.).
Cosmogenias. (En Anuario del Observatorio Astronómico Nacional de Tacubaya para el año de 1933, Tacubaya, 1932, 19.5 cm., p. 270-307 ilustr.).

Contiene: Generalidades.- Sistema solar.- Movimiento del sistema solar.- Figura y componentes del Universo.- Hipótesis cosmogónicas.- Hipótesis de Swedenborg.- Hipótesis de Buffon.- Teoría de Kant.- Teoría de Kant.- Teoría de Laplace.- Hipótesis de Faye.- Hipótesis de Ligondes.- Teoría de See o de Captura.- Teoría de Arrhenius.- Hipótesis de Belot.- Hipótesis de Multon.- Chamberli.- Teoría de Moreux.- Formación de la Luna.- Fin del Mundo.- Conclusión.

Observaciones simultáneas de estrellas errantes en noviembre de 1932. (Bol. Observ. Astr. Nacl., p. 6-8, México, 1933).

SOPEÑA Y LAHERRÁN, JUAN JOAQUÍN, Pbro.

Elementos de Astronomía.- México

Beristáin, t. 3, p. 157.

SOTOMAYOR, DÁMASO, Pbro.

El Siglo Geroglífico Azteca en sus 52 Calendarios. Ed. especial Dedicada al Sr. Presidente de la República Mexicana, Gral. D. Porfirio Díaz.- México, Lit. del Timbre, 1897.-28 f. 28 x 44.5 cm.

Tablas cronológicas de los siglos jeroglíficos. Dan principio del siglo XXXIII y terminan al CXVI del Mundo en correlación con la cronología cristiana.- México, Tip. de la Oficina Impresora del Timbre, 1897.-(2), 21 p. 28.5 cm.

SOTOMAYOR, GABRIEL, O. F. M.

Epítome del Cómputo Eclesiástico, o sea Resumen de todos los puntos que se ordenan a saber determinar los días de cada año venidero en que deberán suceder los domingos, el novilunio y el plenilunio pascual, la Pascua de la Resurrección de nuestro Señor Jesucristo, y las demás fiestas movibles que por ella se regulan. Y lo dedica al Excelentísimo Señor Don Nicolás Bravo, Vice-Presidente de los Estados Unidos Mexicanos, y al benéfico C. José María Echave, vecino de esta Capital. Impreso a expensas de varios bienhechores, con las licencias necesarias.-México, en la oficina del C. Alejandro Valdés. 1827.-(6), 65 p. 2 tablas, 1 lám. 20 cm.

SPINA, PEDRO, S.J.

[Discurso leído en la sesión que la Sociedad mexicana de Geografía y Estadística honró la memoria del Padre Angel Secchi]. (Bol. Soc. Mex. Geogr. y Estad., 3a. ép., t. 4, p. 415-422, México, 1878).

Véase también Puebla (Ciudad).-Colegio Católico del Sagrado Corazón de Jesús.

SPINDER, H. J.

The Chronological Sequence of the principal Monuments of Copan, Honduras. (En *Reseña de la Segunda Sesión del XVII congreso Internacional de Americanistas*, México, 1912, 23 cm., p. 357-363, 9 láms., 1 tabla).

T

TACUBAYA.- OBSERVATORIO ASTRONÓMICO NACIONAL

Anuario del Observatorio Astronómico Nacional de Tacubaya. Formado bajo la dirección del Ingeniero Angel Anguiano.- México, Oficina Tip. de la Secretaría de Fomento, 1883-99.-17 v. 17 cm.

Años 4-20, correspondientes a 1884-1900. Para los Anuarios anteriores véase Chapultepec.- Observatorio Astronómico Nacional.

Anuario del Observatorio Astronómico Nacional de Tacubaya. Formado bajo la dirección del Ingeniero Felipe Valle.- México, Oficina Tip. de la Secretaría de Fomento, 1900-10.-11 v. 17 cm.

Años 21-31, correspondientes a 1901-1911.

Anuario del Observatorio Astronómico Nacional de Tacubaya. Formado bajo la dirección del Ingeniero Valentín Gama.- México, Imp. y Fototip. de la Secretaría de Fomento, 1911-14.-6 v. 17 cm.

Años 32-35, correspondientes a 1912-1915. El último dividido en tres volúmenes.

Anuario del Observatorio Astronómico Nacional de Tacubaya para el año de 1916. Formado bajo la dirección de los Ingenieros Valentín Gama y Joaquín Gallo. Año XXXVI.- México, Departamento de Imp. de la Secretaría de Fomento, 1916.-299 p. 17 cm.

Anuario del Observatorio Astronómico Nacional de Tacubaya. Formado bajo la dirección del Ing. Joaquín Gallo Director del Observatorio.- México, Departamento de Talleres Gráficos de la Secretaría de Fomento 1916-35.-20 v. 20 cm.

Años 37-56, correspondientes a 1917-1936. En publicación.

Boletín del Observatorio Astronómico Nacional de Tacubaya.- México, 1890-1901.-2 v. láms. 33 cm.

Dividido en dos tomos; el primero consta de 24 números con 523 (2) p. correspondientes a los años de 1890 a 1897, y el segundo de 7 números con 294 p. correspondientes a los de 1897 a 1901. Fue fundado por el primer Director del Instituto Ing. D. Ángel Anguiano y continuado por su sucesor el Ing. D. Felipe Valle.

Boletín del Observatorio Astronómico Nacional de Tacubaya. Observaciones meridianas.- México, 1890-94.-116 p. 33 cm.

Tomo primero inconcluso, el que consta de 21 números, correspondientes a los meses de enero de 1890 a mayo de 1894. Fue fundado, como el anterior, por el Ing. Ángel Anguiano.

Boletín del Observatorio Astronómico Nacional.- México, 1912-32.-223, (104) p. láms. 33 cm.

Consta de 15 números aparecidos irregularmente debido a causas diversas. Lo fundó el tercer Director del Observatorio Ing. D. Valentín Gama y lo ha continuado hasta la fecha su sucesor el Ing. D. Joaquín Gallo.

Carta Celeste. Estrellas contenidas en el Anuario del Observatorio Astronómico de Tacubaya. Equinoccio. 1920.-[Tacubaya], Dirección de Estudios Geográficos y Climatológicos, Sección de Cartografía, 1918.-4 hojas (2 de 56 x 55 cm. y 2 de 44 x 64 cm.).

La primera carta corresponde al Casquete polar Norte, la segunda al Casquete polar Sur, la tercera a la Zona ecuatorial (Oh a 12h) y la tercera a la Zona ecuatorial (12h a 24h).

Carta Celeste. Estrellas contenidas en el Anuario del Observatorio Astronómico de Tacubaya. Equinoccio 1920.-[Tacubaya], Dirección de Estudios Geográficos y Climatológicos, Sección de Cartografía, 1933.-4 hojas (2 de 44 x 37 cm. y 2 de 30 x 45.5 cm.).

Idénticas a las anteriores, aunque de menores dimensiones. La primera corresponde al Casquete polar Norte, la segunda al Casquete polar Sur, la tercera a la Zona ecuatorial (Oh a 12h) y la cuarta a la Zona ecuatorial (12h a 24h).

Carta Fotográfica del Cielo. Zona-10° *Posición del centro para 1900 AR=0h 4m D* =-10°-París, Heliog. & Imp. L. Schutzenberger, s. a.-10 hojas 38.5 x 38 cm.

Carta Fotográfica del Cielo. Zona -11° *Posición del centro para 1900 AR=Oh 36 m D*=-11° -Paris, Heliog. & Imp. L. Schutzenberger, s. a.-81 hojas 38.5 x 38 cm.

Carta Fotográfica del Cielo. Zona -13° *Posición del centro para 1900 AR=Oh 4m D*=-13° -Paris, Heliog. & Imp. L. Schutzenberger, s. a.-99 hojas 38.5 x 38 cm.

Carta Fotográfica del Cielo. Zona -15° *Posición del centro para 1900 AR=Oh 4m D*= -15° -Paris, Heliog. & Imp. L. Schutzenberger, s. a.-115 hojas 38.5 x 38 cm.

Carta Fotográfica del Cielo. Zona -16° *Posición del centro para 1900 AR=Oh 4m D*= -16° -Paris, Heliog. & Imp. L. Schutzenberger, s. a.-115 hojas 38.5 x 38 cm.

El año de 1886 el Almirante Mouchez, director del Observatorio Astronómico de París concibió la idea de emprender el colosal trabajo de fotografiar todo el cielo, el cual comprendería hasta las estrellas de 11a. magnitud. Acogida la idea con entusiasmo y ante la imposibilidad de que una sola nación emprendiera la labor, se convino en que ésta se distribuyera entre 18 observatorios de distintos países, habiéndosele señalado al de Tacubaya la zona comprendida entre los -10° y los -16° grados. A fin de organizar debidamente los trabajos, se reunió en París en 1896 un congreso al que concurrieron representantes de los 18 observatorios señalados, habiendo representado al de Tacubaya su Director el Ing. D. Ángel Anguiano.
El trabajo está dividido en dos partes: la primera constituye el Catálogo, que contendrá las coordenadas rectilíneas y ecuatoriales de las estrellas hasta 11a. magnitud, y la segunda las Cartas, que comprenderán hasta las estrellas de 14a. magnitud, reproducidas por medio de placas fotográficas de 13 x 13 cm., correspondiendo cada milímetro de la placa a 1° del cielo.
Desde 1891 había adquirido nuestro Observatorio los aparatos necesarios para emprender la obra y se habían hecho los primeros ensayos por los Ings. D. Teodoro Quintana y D. Guillermo Beltrán y Puga, mas algunos años después al ser examinados los clisés en Europa, se vio que las imágenes estaban defectuosas debido a la mala montadura de las lentes. Corregido este defecto, se reanudaron los trabajos definitivamente en 1900 con los mejores resultados, en los que han laborado los Ings. D. Felipe Valle, el mencionado Sr. Quintana, D. Valentín Gallo y otras personas. La labor ha continuado a la fecha con toda atingencia y laboriosidad, debido al empeño que han desarrollado los directores del Instituto y sus colaboradores, mas causas diversas han impedido que en los últimos años haya continuado la publicación de las cartas, cuyas placas respectivas están en gran número preparadas para darse a luz cuando las circunstancias lo permitan.

Catálogo Astrofotográfico 1900. Sección del Observatorio Astronómico de Tacubaya, México. De -9° a -17° Tomo I. Contiene las coordenadas rectilíneas y ecuatoriales de las estrellas hasta la 11a. magnitud, contenidas entre -14° y 17° de declinación y de 0h a 6h de ascensión recta.- México, Imp. y Fototip. de la Secretaría de Fomento, 1913.-(2), 243 p. 4 láms. 33 cm.

Precedido de una advertencia por el Ing. D. Joaquín Gallo, de una Reseña histórica de los trabajos por el Ing. D. Valentín Gama, y de una Introducción por el mismo.

Catálogo Astrofotográfico del Observatotio Astronómico de Tacubaya, México. Zona de -16° Tomo I. Parte 2a. Contiene las coordenadas rectilíneas y ecuatoriales de las estrellas hasta la 11a. magnitud, contenidas entre -15° y -17° de declinación y de 0h a 6h de ascensión recta.- Tacubaya, D.F., México, Imp. de la Dirección de Estudios Geográficos y Climatológicos, 1921.-152 p. 33 cm. (Secretaría de Agricultura y Fomento, Dirección de Estudios Geográficos y Climatológicos).

Precedido de una advertencia por el Ing. D. Joaquín Gallo.

Catálogo Astrofotográfico 1900. Tomo I Zona -15° Contiene las coordenadas rectilíneas de las estrellas hasta la 11a. magnitud, contenidas entre 14° *y* 16° *de declinación Sur y de 6h a 23h de ascensión recta. Tacubaya, D. F.* México, Imp. de la Dirección de Estudios Geográficos y Climatológicos, 1923.-299 p. 33 cm. (Secretaría de Agricultura y Fomento, Dirección de Estudios Geográficos y Climatológicos).

Precedido de una Introducción por el Ing. D. Joaquín Gallo.

Catálogo Astrofotográfico del Observatorio Astronómico de Ta-

cubaya, México. Zona de -16° Tomo I Parte 2a. Contiene las coordenadas rectilíneas y ecuatoriales de las estrellas hasta la 11a. magnitud. Contenidas entre -15° y -17° de declinación y de 6h. a 23h. de ascensión recta.- Tacubaya, D. F., México, Talleres Gráficos de la Secretaría de Agricultura y Fomento, 1931.-(24), 339 p. 33 cm. (Universidad Nacional de México).

Precedido de una Introducción por el Ing. D. Joaquín Gallo.

Catálogo Astrofotográfico 1900. Vol. III. Tomo I. Zona -14° Contiene las coordenadas rectilíneas de las estrellas hasta la 11a. magnitud contenidas entre los 13 y 15 de declinación Sur y 0h a 12h de ascensión recta.- Tacubaya, D. F., México, 1934.-(2), xxv, 295 p. 33 cm. (Universidad Nacional de México).

Precedido de una Introducción por el Ing. D. Joaquín Gallo.

Existen además 17 volúmenes inéditos en espera de ser publicados.

Informe del Director del Observatorio Astronómico de Tacubaya. (En México.- Secretaría de Fomento, Memoria presentada al Congreso de la Unión 1877-1882, México, 1885, 29 cm., t. 1, p. 281-296).

Refiérese al paso de Venus por el disco del Sol, verificado el 6 de diciembre de 1882. Subscrita por el Ing. D. Ángel Anguiano.

Informe que presenta el que suscribe a la Secretaría de Fomento, de los trabajos, tanto científicos como materiales, hechos en el Observatorio Astronómico Nacional de Tacubaya, desde el día 1o. de Enero de 1883 hasta el 30 de Junio de 1885. (En Anuario del Observatorio Astronómico Nacional de Tacubaya para el año de 1887, México, 1886, 17 cm., p. 131-178).

Idem. (En México.- Secretaría de Fomento, Memoria presentada al Congreso de la Unión, 1883-1885, México, 1887, 30 cm., t. 1, p. 419-442).

Subscrito por el Ing. D. Ángel Anguiano.

Informe general que presenta el que suscribe a la Secretaría de Fomento, sobre los trabajos científicos y materiales, ejecutados en el Observatorio Astronómico Nacional de Tacubaya, durante el año fiscal de 1887 a 1888. (En Anuario del Observatorio Astronómico Nacional de Tacubaya para el año de 1889, México, 1888, 17 cm., p. 212-273).

Subscrito por el Ing. D. Ángel Anguiano.

Informe general que presenta el que subscribe a la Secretaría de Fomento, sobre los trabajos científicos y de construcción ejecutados en el Observatorio Astronómico Nacional de Tacubaya, durante el año fiscal de 1888-1889. (En Anuario del Observatorio Astronómico Nacional de Tacubaya para el año de 1891, México, 1890, 17 cm., p. 73-310, 1 lám.).

Subscrito por el Ing. D. Ángel Anguiano. Lleva como anexos los trabajos que siguen: 1. Cambios de señales telegráficas con México y otros lugares de la República.- 2. Notas recogidas por el Ing. D. Felipe Valle en el viaje a los Estados Unidos sobre los observatorios astronómicos de dicho país y el eclipse de Sol del 1o. de enero de 1889.

Informe que presenta el que subscribe a la Secretaría de Fomento sobre los trabajos hechos en el Observatorio Astronómico Nacional de Tacubaya, durante el año fiscal de 1889 a 1890. (Anuario del Observatorio Astronómico Nacional de Tacubaya para el año de 1892, México, 1891, 17 cm., p. 73-189).

Subscrito por el Ing. D. Ángel Anguiano, quien trata además del Congreso Astro-Fotográfico Universal, reunido en París en septiembre de 1889, al cual concurrió como delegado de México.

Informe que presenta el que subscribe a la Secretaría de Fomento sobre los trabajos hechos en el Observatorio Astronómico Nacional de Tacubaya durante el año fiscal de 1890 a 1891. (En Anuario del Observatorio Astronómico Nacional de Tacubaya para el año de 1893, México, 1892, 17 cm., p. 72-110).

Subscrito por el Ing. D. Ángel Anguiano.

Informe que presenta el que subscribe a la Secretaría de Fomento, sobre los trabajos hechos en el Observatorio Astronómico Nacional de Tacubaya, durante el año fiscal de 1891 a 1892. (En Anuario del Observatorio Astronómico Nacional de Tacubaya para el año de 1894, México, 1893, 17 cm., p. 76-107).

Subscrito por el Ing. D. Ángel Anguiano.

Informe que presenta el que subscribe a la Secretaría de Fomento, sobre los trabajos hechos en el Observatorio Astronómico Nacional de Tacubaya, durante el año fiscal de 1892 a 1893. (En Anuario del Observatorio Astronómico Nacional de Tacubaya para el año de 1895, México, 1894, 17 cm., p. 114-168).

Subscrito por el Ing. D. Ángel Anguiano.

Informe que presenta el que subscribe a la Secretaría de Fomento, sobre los trabajos hechos en el Observatorio Astronómico Nacional de Tacubaya, durante el año fiscal de 1893 a 1894. (En Anuario del Observatorio Astronómico Nacional de Tacubaya para el año de 1895, México, 1895, 17 cm., p. 115-143).

Subscrito por el Ing. D. Ángel Anguiano.

Informe que presenta el que subscribe a la Secretaría de Fomento, sobre los trabajos hechos en el Observatorio Astronómico Nacional de Tacubaya, durante el año fiscal de 1894 a 1895. (En Anuario del Observatorio Astronómico Nacional de Tacubaya para el año de 1896, México, 1895, 17 cm., p. 184-203).

Subscrito por el Ing. D. Ángel Anguiano.

Informe que presenta el encargado del Observatorio Astronómico Nacional de Tacubaya a la Secretaría de Fomento, sobre los trabajos ejecutados en el año fiscal de 1895 a 1896. (En Anuario del Observatorio Astronómico Nacional de Tacubaya para el año de 1897, México, 1896, 17 cm., p. 204-219).

Subscrito por el Ing. D. Felipe Valle.

Informe presentado a la Secretaría de Fomento, sobre el estado del Observatorio Astronómico Nacional de Tacubaya, en el cuatrienio transcurrido del 1o. de Julio de 1892 al 30 de Junio de 1896. (En Anuario del Observatorio Astronómico Nacional de Tacubaya para el año de 1897, México, 1896, 17 cm., p. 220-242).
Idem. (En México, -Secretaría de Fomento, Memoria presentada al Congreso de la Unión, 1892-1896, México, 1897, 30 cm., p. 207-217).

Subscrito por el Ing. D. Felipe Valle.

Informe que presenta el que subscribe a la Secretaría de Fomento sobre los trabajos, tanto científicos como materiales, eje-

cutados en el Observatorio Astronómico Nacional durante los años fiscales de 1896-1897 y de 1897-1898. (En Anuario del Observatorio Astronómico Nacional de Tacubaya para el año de 1900, México, 1899, 17 cm., p. 124-150).

Subscrito por el Ing. D. Ángel Anguiano.

Breve informe del Ingeniero Anguiano a la Secretaría de Fomento, sobre los trabajos del Observatorio Astronómico Nacional, durante meses transcurridos de Marzo a Agosto de 1897. (En Anuario del Observatorio Astronómico Nacional de Tacubaya para el año de 1900, México, 189 17 cm., p. 299-303).

Informe presentado al Ministerio de Fomento por el Director del Observatorio Astronómico Nacional, Ingeniero Ángel Anguiano, sobre las labores del Establecimiento en el período transcurrido desde el 11 de agosto de 1897 hasta el 10 de Marzo de 1898. (En Anuario del Observatorio Astronómico Nacional de Tacubaya para el año de 1900, México, 1899, 17 cm., p. 304-307).

Informe que el Ingeniero Ángel Anguiano, Director del Observatorio Astronómico Nacional, presenta a la Secretaría de Fomento sobre los trabajos llevados a cabo desde el 10 de Marzo de 1898 hasta la misma fecha de 1899. (En Anuario del Observatorio Astronómico Nacional de Tacubaya para el año de 1900, México, 1899, 17 cm., p. 308-311).

Informe del Director del Observatorio Astronómico Nacional, Ingeniero Felipe Valle al Ministerio de Fomento, sobre las labores del Establecimiento. Comprende desde el 10 de Marzo hasta el 28 de Agosto de 1899. (En anuario del Observatorio Astronómico Nacional de Tacubaya para el año de 1900, México, 1899, 17 cm., p. 312-319).

Informe de los trabajos practicados en el Observatorio Astronómico Nacional, durante los años naturales de 1897 a 1900. (En

México.- Secretaría de Fomento, Memoria presentada al Congreso de la Unión, 1897-1900, México, 1908, 30 cm., p. 274-299).

Subscrito por el Ing. D. Felipe Valle.

Informe que presenta el Director del Observatorio Astronómico Nacional a la Secretaría de Fomento, sobre los trabajos ejecutados en el establecimiento, de Julio de 1899 a Noviembre de 1900. (Boletín de la Secretaría de Fomento, 2a. ép., año 1, sec. 4a. p. 92-117, México, 1902).

Subscrito por el Ing. D. Felipe Valle.

Informe que presenta el Director del Observatorio Astronómico Nacional a la Secretaría de Fomento, sobre los trabajos ejecutados en el Establecimiento, durante los meses de Diciembre de 1900, Enero y Febrero de 1901. (Boletín de la Secretaría de Fomento, 2a. ép., año 1, sec. 4a., p. 119-128, México, 1902).

Subscrito por el Ing. D. Felipe Valle.

Informe de los meses de Abril, Mayo, y Junio de 1901. (Boletín de la Secretaría de Fomento, 2a., año 1, sec. 4a., p. 128-134, México, 1902).

Subscrito por el Ing. D. Felipe Valle.

Informe que presenta el Director del Observatorio Astronómico Nacional a la Secretaría de Fomento, acerca de los trabajos ejecutados en el Establecimiento durante los meses de Julio, Agosto y Septiembre del presente año [de 1901]. (Boletín de la Secretaría de Fomento, 2a. ép., año 1, sec. 4a., p. 162-168,

México, 1902).

Subscrito por el Ing. D. Felipe Valle.

Informe relativo a los trabajos hechos en el Observatorio Astronómico Nacional durante el último trimestre del año de 1901. (Boletín de la Secretaría de Fomento, 2a. ép., año 1, sec. 4a., p. 169-177, México, 1902).

Subscrito por el Ing. D. Felipe Valle.

Informe de los trabajos practicados en el Observatorio Astronómico Nacional. (En México.- Secretaría de Fomento, Memoria presentada al Congreso de la Unión, 1901-1904, México, 1909, 30 cm., p. 81-102, 6 láms.)

Subscrito por el Ing. D. Felipe Valle. Comprende los años de 1901 a 1904.

Informes presentados a la Secretaría de Fomento por el Director del Observatorio Astronómico Nacional sobre los trabajos del Establecimiento desde 1o. de Enero de 1902 a 30 de Junio de 1903.- México, Oficina Tip. de la Secretaría de Fomento, 1903.- 87 p. 1 lám. 2 estados, 1 gráf. 23 cm.

Subscrito por el Ing. D. Felipe Valle.

El Observatorio Astronómico Nacional Mexicano. Resumen de sus trabajos durante el año fiscal de 1902-1903. (Boletín de la Secretaría de Fomento, 2a. ép., año 5, sec 4a., p. 10-13, México, 1906).

Subscrito por el Ing. D. Felipe Valle.

Resumen general de sus trabajos durante el segundo semestre de 1904 (Boletín de la Secretaría de Fomento, 2a. ép., año 5, sec. 4a., p. 15-2 México, 1905).

Subscrito por el Ing. D. Felipe Valle.

Sus trabajos durante el 1er. semestre de 1904. (Boletín de la Secretaría de Fomento, 2a. ép., año 5, sec. 4a., p. 39-58, México, 1905).

Subscrito por el Ing. D. Felipe Valle.

Segundo semestre de 1904. (Boletín de la Secretaría de Fomento, 2a. ép., año 5, sec. 4a., p. 88-116, México, 1905).

Subscrito por el Ing. D. Felipe Valle.

Informe que presenta a la Secretaría de Fomento relativo a los trabajos practicados en el Observatorio Astronómico Nacional en el tercer trimestre del año fiscal de 1904-1905. (Boletín de la Secretaría de Fomento, 2a. ép., año 5, sec. 4a., p. 163-174, México, 1905).

Subscrito por el Ing. D. Felipe Valle.

[Informe del último trimestre de 1904 a 1905]. (Boletín de la Secretaría de Fomento, 2a. ép., año 5, p. 213-229, México, 1905).

Subscrito por el Ing. D. Felipe Valle.

Resumen de sus trabajos durante el primer semestre del año fiscal de 1905-1906. (Julio a Diciembre de 1905). (Boletín de la Secretaría de Fomento, 2a. ép., año 5, sec. 4a., p. 255-269, México, 1905).

Subscrito por el Ing. D. Felipe Valle.

Informe relativo a los trabajos practicados en el Observatorio Astronómico Nacional, durante el tercer trimestre del año fiscal de 1905-1906. (Boletín de la Secretaría de Fomento, 2a. ép., año 5, sec 4a., p. 275-282, México, 1905).

Subscrito por el Ing. D. Felipe Valle.

Informe general de los trabajos ejecutados en el Observatorio Astronómico Nacional Mexicano, desde el mes de Enero de 1905 a Junio de 1907. (En México.- Secretaría de Fomento, Memoria presentada al Congreso de la Unión, 1905-1907, México, 1909, 30 cm., p. 277-320, 30 láms., 4 gráfs.).

Subscrito por el Ing. D. Felipe Valle.

Informe de los trabajos ejecutados en este Observatorio. Julio de 1907 a Junio de 1908. (En México.- Secretaría de Fomento, Memoria presentada al Congreso de la Unión, 1909-1910, México, 1910, 30 cm., p. 25-273).

Subscrito por el Ing. D. Felipe Valle.

Informe de los trabajos hechos en el Observatorio Astronómico Nacional de Tacubaya en el año fiscal de 1908-1909. (En México.- Secretaría de Fomento, Memoria presentada al Congreso de la Unión, 1909-1910, México, 1910, 30 cm., p. 87-119, 12 láms.).

Subscrito por el Ing. D. Valentín Gama.

Informe del Director del Observatorio Astronómico Nacional, acerca de los trabajos practicados por el personal del mismo, durante el año fiscal de 1909-1910. (En México.- Secretaría de Fomento, Memoria presentada al Congreso de la Unión, 1909-1910, México, 1910, 30 cm., p. 133-97, 30 láms.).

Subscrito por el Ing. D. Felipe Valle.

Informe del Director del Observatorio Astronómico Nacional, acerca de los trabajos practicados por el personal del mismo, durante el año fiscal de 1909-1910. (En México.- Secretaría de Fomento, Memoria presentada al Congreso de la Unión, 1909-1910, México, 1910, 30 cm., p. 133-197, 30 láms.).

Subscrito por el Ing. D. Felipe Valle.

Informe del Director del Observatorio Astronómico Nacional Mexicano. (En México.- Secretaría de Fomento, Memoria presentada al Congreso de la Unión, 1910-1911, México, 1912, 30 cm., p. 97-124, 1 lám.).

Subscrito por el Ing. D. Valentín Gama.

Memoria relativa a los trabajos ejecutados en el Observatorio Astronómico Nacional de Tacubaya en el año fiscal de 1911-1912. (En México.- Secretaría de Fomento, Memoria presentada al Congreso de la Unión 1911-1912, México, 1913, 30 cm., p. 212-263).

Subscrito por el Ing. D. Valentín Gama.

Reseña de los trabajos llevados a cabo en el Observatorio Astronómico de Tacubaya. (En Anuario del Observatorio Astronómico Nacional de Tacubaya para el año de 1920, México, 1919, 20 cm., p. 289-292).

Subscrito por el Ing. D. Joaquín Gallo.

Reseña de los trabajos llevados a cabo en el Observatorio Astronómico de Tacubaya. (En Anuario del Observatorio Astronómico Nacional de Tacubaya para el año de 1921, México, 1920, 20 cm., p. 283-286).

Subscrito por el Ing. D. Joaquín Gallo.

Nueva posición Oficial del Observatorio. (Bol. Observ. Astr. N. de Tac., n. 11, p. 1-4, México, 1930).
Informe de las labores realizadas en los años de 1926 a 1929, subscrito por el Ing. D. Joaquín Gallo.
[Informe de los trabajos llevados a cabo en el Observatorio desde el 12 de septiembre de 1932 hasta el 14 de octubre de 1933]. (Bol. Observ. Astr. N. de Tac., n. 15, p. 1-6, México, s.a.

Subscrito por el Ing. D. Joaquín Gallo.

[Informe de los trabajos llevados acabo en el Observatorio desde el 12 de septiembre de 1932 hasta el 14 de octubre de 1933]. (Bol. Observ. Astr. N. de Tac., n. 15, p. 1-6, México, s.a.

Subscrito por el Ing. D. Joaquín Gallo.

Informe de los trabajos ejecutados por la Comisión que fue mandada a San Antonio Polotitlán a observar el eclipse anular de Sol verificado el día 28 de Junio de 1908. (En México.- Secretaría de Fomento, Memoria presentada al Congreso de la Unión, 1908-1909, México, 1910, 30 cm., 94-119, 12 láms.).

Subscrito por el Ing. D. Valentín Gama, jefe de la Comisión. Contiene: Observaciones preliminares.- Instrumentos usados.- Distribución de las labores.- Medidas de las placas.- Coordenadas de los centros del Sol y de la Luna.- Apéndice.

Informe del Director sobre el resultado de la Comisión Mexi cana para la Observación del Eclipse total de Sol del 30 de Agosto de 1905.- México, Imp. y Fototip. de la Secretaría de Fomento, 1908.-59 p. 11 láms. 5 gráfs. 23 cm. (Observatorio Astronómico Nacional).

Idem. (En México.- Secretaría de Fomento, Memoria presentada al Congreso de la Unión, 1905-1907, México, 1909, 30 cm., p. 295-320, 11 láms., 4 gráfs.).

Resultado de las observaciones del fenómeno practicadas en Almazán (España) por la Comisión enviada al efecto, la cual formaron el Ing. D. Valentín Gama, D. Joaquín Gallo y D. Antonio Gómez.

Informe presentado al Señor Director del Observatorio Astronómico Nacional de Tacubaya sobre una comisión científico-geográfica encomendada al que subscribe. (Bol. Observ. Astr. N. de Tac., t. 1, p. 75-81, México, 1890-97).

Subscrito por el Ing. D. Valentín Gama, encargado de observar la luz zodiacal y de determinar la posición geográfica de algunos lugares del Estado de San Luis Potosí en los meses de diciembre de 1889 y enero de 1890.

Memoria sobre la Observación en Aguascalientes del eclipse anular del 29 de Julio de 1897 presentada a la Secretaría de Fomento por el Director del Observatorio de Tacubaya Ingeniero Ángel Anguiano.- México, Oficina Tip. de la Secretaría de Fomento, 1899.-75 p. 3 láms. 22.5 cm.

Idem. (Bol. Observ. Astr. N. de Tac., t. 2, p. 72-110, 3 láms. México, 1897-1901).

Idem. (An Min Fom. Rep. Mex., t. 11, p. 156-227, México, 189.

Observación hecha en la ciudad de León, del eclipse anular de Sol el 5 de Marzo de 1886. Informe presentado a la Secretaría de Fomento. (En Anuario del Observatorio Astronómico Nacional de Tacubaya para el año de 1888, México, 1887, 17 cm., p. 154-198).

Subscrito por el Ing. D. Ángel Anguiano, jefe de la comisión encargada dela observación del fenómeno.

Suplemento del Anuario del Observatorio Astronómico Nacional de Tacubaya. Formado bajo la dirección del Ing. Joaquín Gallo Jefe del Observatorio Astronómico.- Tacubaya, D. F., México, Imp. de la Dirección de Estudios Geográficos y Climatológicos, 1924.-36.-6 v. 19.5 cm.

Correspondientes a los años de 1925, 1926, 1927,1928,1935 y 1936.

Más que suplemento es un resumen o compendio del Anuario del Observatorio con los datos y tablas más frecuentemente usados por los topógrafos en sus trabajos de orientación.

Tránsito de Mercurio por el disco solar observado en Tacubaya el 10 de Noviembre de 1894. (Bol. Observ. Astr. N. de Tac., t. 1, p. 317-320, 1 lám., México, 1890-97).

Transmisión diaria de la hora por la Estación Radiotelegráfica de Chapultepec.- S. p. i. [1922].- Hoja de 35.5 x 23.5 cm.

Con un esquema de la transmisión de la hora.

TELLO, RAFAEL M.

Los Orígenes de la Astronomía. (Bol. Soc. Astr. Mex., t. 9, p. 290-297 y t. 10, p. 317-319, México, 1910-11).

TOOD, DAVID

Three Centuries of total Eclipses of the sun in Mexico: 1850-2150. (En Reseña de la Segunda Sesión del Congreso Internacional de Americanistas, México, 1912, 23 cm., p. 441-449, 1 mapa).

TORAL MORENO, JOSE, Pbro.

XIX Centenario de la Muerte de N. S. Jesucristo. (Boletín Eclesiástico de la Arquidiócesis de Guadalajara, ép. 5a., año 4, p. 83-86, 136-142, 183-190 y 239-248, Guadalajara, 1933).

Contiene: Introducción.- 1. Principio de la era cristiana.- 2. El Nacimiento de Cristo según S. Lucas. II, 1-7.- 3. La Adoración de los Magos según S. Mateo. II, 1 y siguientes.- 4. El Bautismo de Cristo según S. Lucas. III, 1 etc.- 5. La Primera Pascua según S. Juan. II, 13-20.-6. Las Pascuas segunda y tercera, según S. Juan V. 1 y VI, 4 etc.- 7. Los 40 años de Ntro. Señor el año de 32 p. C., según S. Juan. VIII, 57 y el Testimonio de S. Ireneo.- 8. Fecha de la crucifixión según S. Juan. XVIII, 28 y XIX, 14, 31-36.-9. La Cronología, la Astronomía y la Historia en favor del año de 33.-10. Solución de objeciones.

TORRE, MARTÍN DE LA

Manifiesto cristiano en favor de los Cometas mantenidos en su natural significación.- México, 1681.-4o.

Beristáin, t. 3, p. 187, quien agrega: "Pretendió impugnar al referido Sigüenza, sosteniendo la opinión del vulgo, de que los cometas significan o anuncian grandes sucesos humanos. A esto contestó el ilustre mexicano con otro opúsculo intitulado: "*Belerofonte Matemático contra la Chimera Astrológica de D. Martín de la Torre*"; que se quedó MS. porque todavía se escrupulizaba en México de abrir los ojos del ignorante vulgo en las ciencias naturales, y había aún un formidable vulgo de sabios, que atacó a los 50 años el P. Feijóo."

TORRES, JESÚS, Pbro.

Elementos de Astronomía, que dedica a sus discípulos en el Seminario de Guadalajara.- Guadalajara, Imp. de Dionisio Rodríguez, 1872.-95 p. 2 tablas, 1 lám. 15 cm.

Contiene: Generalidades.- Sistema del Mundo.- Sistema planetario.- Sistema llamado de Tolomeo.- Sistema de Copérnico.- Sistema de Ticho-Brae De la Tierra.-Teoría de la fluidez primitiva de la Tierra.-Causa de los movimientos de los planetas al derredor del Sol.- Centro del Mundo.- Del paralelaje.- Rotación diurna del cielo.- Posiciones de la esfera.- Fenómenos de la posición recta de la esfera.-Fenómenos de la posición paralela de la esfera.-Fenómenos de la posición oblicua de la esfera.-Fenómenos del cielo.- Nociones necesarias para la explicación de los fenómenos celestes en el sistema planetario.- Refracción de la luz y sus efectos astronómicos.- Del Sol.- Medida del Tiempo.- De la Luna.- Del firmamento.- Movimiento estelar.- Distribución de las estrellas en el cielo.- Nebulosas.- Vía Lactea.- Aberración.- Cometas.- Planetas de movimiento retrógrado.- Planetas inferiores.- Planetas superiores.- Eclipses, conjunción , fases y oposición de los planetas.- Estaciones y retrogradaciones de los planetas.- Fenómeno llamado centelleo.

TORRES QUINTERO, GREGORIO, Prof.

Nuevo Calendario Perpetuo. (Cosmos, t. 1, p. 46-47, México, 1892).

Da a conocer y explica el Calendario perpetuo gregoriano y juliano de Mr. Bradley.

TOSCANO, RICARDO, Ing.

Aplicación del método de alturas iguales de dos estrellas para la determinación de la hora.- México, Departamento de Talleres Gráficos de la Secretaría de Fomento, 1917.-67 p. 33 cm. (Secretaría de Fomento, Dirección de Estudios Geográficos y Climatológicos, Publicación especial n. 1).
Determinación del Azimut y de la Latitud por medio de la Polar y una estrella auxiliar. Estudio publicado en el número 4 del Volumen II de la Revista Mexicana de Ingeniería y Arquitectura.- México, Empresa Editorial de Ingeniería y Arquitectura, S. A., 1926.-16 p. 23 cm.
Determinación del Azimut observando el Sol en dos posiciones sin que se necesiten conocer ni la corrección del Reloj, ni la Latitud, ni el Intervalo. (Rev. Mex. de Ing. y Arq., v. 5, p. 551-555, México, 1927).
Instrucciones para las determinaciones del azimut en las operaciones topográficas.-Tacubaya, D. F., México, Imp. de la Dirección de Estudios Geográficos y Climatológicos, 1921.-37 p. 22.5 cm. (Secretaría de Agricultura y Fomento, Dirección de Estudios Geográficos y Climatológicos, Publicación n. 5).
Métodos topográficos. Determinación del azimut astronómico de una dirección.- Tacubaya, D. F., México, Imp. de la Dirección de Estudios Geográficos y Climatológicos, 1923.-63 p. 1 lám. 22.5 cm. (Secretaría de Agricultura y Fomento, Dirección de Estudios Geográficos y Climatológicos).

Idem. Segunda ed.- México, D. F., Imp. Revlix's, 1925.-478 p. 1 tabla, ilustr. 23 cm.

Dividido en ocho partes: 1a. Nivelación.- 2a. Levantamiento por medio de poligonales.- 3a. Levantamientos taquimétricos .- 4a. Triangulación.- 5a. Determinación y división de áreas.- 6a. Levantamientos rápidos.- 7a. Diversas aplicaciones de la topografía.- 8a. Determinación del azimut de una dirección.

TOZZER, ALFRED. M.

Aspectos cronológicos de la Arqueología Americana. Con anotaciones del Prof. R. Mena, Conservador del Departamento de Arqueología de este Museo. (An. Mus. N. de Arq., Hist. y Etnogr., 4a. ép., t. 4, p. 307-315, México, 1926).

TREVIÑO, MARÍA LUISA

Observación del Planeta Urano. (Bol. Soc. Astr. Mex., t. 12, p. 195-197, México, 1913).

TURNER, H. H.

Nota preliminar sobre la reducción de las medidas de las placas fotográficas. (Traducción del inglés por Vicente Veloz). (Bol. Observ. Astr. N. de Tac., t. 1, p. 402-413, México, 1890).

U

URIBE, DAVID M.

Apuntes relativos al eclipse de Luna del 21-22 de abril de 1921. Tulancingo, Hidalgo, México. Observatorio Astronómico y Meteorológico "Flammarion." (Mem. Soc. Cientif. Ant. Alzate, t. 39, p. 121-123, 1 lám., México, 1921).

Observación de la conjunción de Saturno y la Luna el 19 de julio de 1923. (Mem. Soc. Cientif. Ant. Alzate, t. 42, p. 489-490, México, 1923).

Observatorio Astronómico "Flammarion." Tulancingo, Estado de Hidalgo. Cómo fue observado en Tulancingo el eclipse de Sol del 10 de septiembre de 1923. (Mem. Soc. Cientif. Ant. Alzate, t. 43, p. 153-155, 2 láms., México, 1924).

V

VALENTINI, PHILIP

Discurso acerca de la piedra llamada Calendario Mexicano pronunciado el 30 de abril de 1878 en el "Republican Hall" (New York), ante una Sociedad Científico-alemana. (An Mus. N. de Mex., t. 1, p. 226-241, México, 1877).

VALLE, FELIPE, Ing.

Algunas fórmulas para calcular aproximadamente la refracción. (Boletín Anuario del Observatorio Astronómico Nacional de Tacubaya para el año de 1895, México, 1894, 17 cm., p. 269-276).
Idem. (En Anuario del Observatorio Astronómico Nacional de Tacubaya para el año de 1897, México, 1896, 17 cm., p. 260-267).
El Cometa de Sawerthal (a. de 1888). (En Anuario del Observatorio Astronómico Nacional de Tacubaya para el año para el año de 1888, México, 1887, 16 cm., p. 274-279).
Los Cometas. (En Anuario del Observatorio Astronómico Nacional de Chapultepec para el año de 1883, México, 1882, 17 cm., p. 153-222).
Conferencia Internacional Astro-Fotográfica. (Boletín de la Secretaría de Fomento, 2a. ép., año 1, sec. 4a., p. 27-63, México,

1902).
Estrellas temporales. (Anales de la Academia Mexicana de Ciencias Exactas, Físicas y Naturales correspondientes de la Real de Madrid, t. 1, p. 189-199, México, 1909).
La Hora en la Ciudad de México. (Boletín de la Secretaría de Fomento, 2a. ép., año 4, sec. 4a., p. 16-23, México, 1905).
Informe presentado al Señor Director del Observatorio Astronómico Nacional, acerca de los estudios ejecutados en el viaje que en comisión astronómica hizo a los Estados Unidos del Norte. (En Anuario del Observatorio Astronómico Nacional de Tacubaya para el año de 1890, México, 1889, 17 cm., p. 87-116).

Con motivo del eclipse total de Sol del 1o. de enero de 1889.

Informe presentado por el que suscribe al Señor Director del Observatorio Astronómico Nacional. (En Anuario del Observatorio Astronómico Nacional de Tacubaya para el año de 1888, México, 1887, 17 cm., p. 79-111).

Sobre la instalación del gran ecuatorial del Observatorio.
Longitud del Observatorio Astronómico Nacional de Tacubaya. Determinada en 1895 por Señales Telegráficas con El Paso Texas, observando los Sres. C. H. Sinclair en esta estación y el Sr. D. Camilo A. González de Tacubaya. (Bol. Observ. Astr. N. de Tac., t. 2, p. 45-54, México, 1897-1901).

El resultado fue de 6h 36m 47.26s $\pm$ 0.12.

Nuevas observaciones de la luz zodiacal. (Bol. Observ. Astr. N. de Tac., t. 1, p. 59-61, México, 1890-97).
Nuevo "Zenital Reflector" y "Prismas Zenitales." Trabajo leído en la Sociedad de Ingenieros y Arquitectos por su autor.- México, Oficina Tip. de la Secretaría de Fomento, 1895.-13 p. 3 láms.

20 cm.

Idem. (An As. Ing. y Arq. de Mex., t. 5, p. 36-44, 3 láms., México, 1896).

Idem. (Bol. Observ. Astr. N. de Tac., t.1, p. 421-423, 3 láms., México, 1890-97).

Observación del Eclipse total de Luna que se verificó el 22 de Julio de 1888. (En Anuario del Observatorio Astronómico Nacional de Tacubaya para el año de 1899, México, 1888, 17 cm., p. 280-285).

Observations of EnckeComet made with the 15-inch Equatorial of the National Mexican Observatory, Tacubaya. (Monthly Notices of the Royal Astronomical Society, v. 56, p. 41-42, London, 1896).

Observations of Minor Planets made with the 15-inch Equatorial of the National Mexican Observatory, Tacubaya. (Monthly Notices of the Royal Astronomical Society, v. 55, p. 404-405, London, 1895).

Observations of Minor Planets made with the 15-inch Equatorial of tha National Mexican Observatory, Tacubaya. (Monthly Notices of the Royal Astronomical Society, v. 56, p. 43-46, London, 1896).

El Sr. Ingeniero D. Francisco Rodríguez Rey. (Bol. Soc. Astr. Mex., t. 2, p. 241-243, México, 1904).

El Sr. Ingeniero Geógrafo D. Francisco Díaz Covarrubias. (En Anuario del Observatorio Astronómico Nacional de Tacubaya para el año de 1890, México, 1889, 17 cm., p. i-ix).

Tablas para encontrar el día de la semana que corresponde a una fecha cualquiera del presente siglo. (En Anuario del Observatorio Astronómico de Chapultepec para el año de 1882, México, 1881, 17 cm., p. 230-235).

[Visita a los Observatorios y las Estaciones Astronómicas de los Estados Unidos establecidas para la observación del eclipse total de Sol del 1o. de Enero de 1889 y observaciones sobre

ese fenómeno]. (En Anuario del Observatorio Astronómico Nacional de Tacubaya para el año de 1891, México, 1890, 17 cm., p. 131-310, 1 lám.).

Describe las estaciones astronómicas del Coast Survey en Sacramento, Cal., del Haward College Observatory en Willows, Cal., del Prof. Swift en Nelson, Cal. y de la Universidad de Washington en Norman, Cal. y los observatorios de Lick en el monte Hamilton, Cal., de la Universidad de Washington en St. Louis Missouri, de New Dearbon of the Northwestern University en Evanston, Ill., de Warner en Rochester, N. Y., de Dudley en Albany, N. Y., de la Universidad de Harvard en Cambridge, Mass., de la Universidad de Yale, en New Haven, Conn., el Meteorológico del Parque Central de Nueva York, el Naval de Washington, y los Halsted y J. C. Green School of Science de la Universidad de Princeton en New Jersey, y los Talleres de Fauth y Compañía en Washington.

VALLE, FELIPE Y GONZÁLEZ, CAMILO A.

Informe presentado al Sr. Ingeniero Angel Anguiano, Director del Observatorio Astronómico de Tacubaya, sobre las observaciones de la Luz zodiacal, y determinación de posiciones geográficas en los Estados de Yucatán y Veracruz. (Bol. Observ. Astr. N. de Tac., t. 1, p. 33-58, México, 1890-97).

Véase también Tacubaya.- Observatorio Astronómico Nacional.

VALLEJO GAITÁN, LUZ

Un fenómeno curioso en el mundo de Júpiter. (Bol. Soc. Astr. Mex. t. 6, p. 129-131 y 148-149, México, 1907).

VEEDER, M. A.

Energía eléctrica solar no transmitida por radiación. (Artículo traducido del inglés por Vicente Veloz). (Bol. Observ. Astr. N. de Tac., t. 1, p. 351-355, México, 1890).

VELÁZQUEZ, J. JESÚS

Explicación y uso de la Cruz. (En Anuario del Observatorio Astronómico Nacional de Tacubaya para el año de 1889, México, 1887, 17 cm., p. 227-228, 1 tabla).

Procedimiento para encontrar el día de la semana correspondiente a cualquier fecha, desde el primer día de la era cristiana hasta el último del año de 3699.

VERACRUZ, ALONSO DE LA, O. S. A.

Phisica, Specvlatio. Accessit compendium spherae Campani ad complementum tractatus de coelo.- Méxici, Excudebat Ioa. Pau. Brisse., 1557.-(8), 374 p. 12 f. 30.5 cm.

Reimpresa en Salamanca en 1562, 1569 y 1573. Obra de texto en la Real y Pontificia Universidad de México. Contiene en relación con nuestro asunto:

P. 322-248. Primvs liber Metheorum. i. de mixtis imperfectis.

P. 248-259. Secvndvs liber Metheorum. In secundo metheororum Aristo. tractat de fluxu, et refluxu, et refluxu maris, & eius salcedine, atque de ventis, vnde causentur, De terremotu. De tonitruis, Typhone, & fulmine.

P. 259-270. Incipit 3. Metheororum liber. In isto. 3. Aristo. tractat de Halo, quomodo causetur. De Iride, & diuersitate colorum, atque do virgis, & parabelijs, & de metallis.

F. 1-12. Incipit tractatvs de Spherae editus a magistro Campano.

VIDAL, ESTHER

Apuntes de Geografía Física para el Primer Curso de Enseñanza Secundaria, Adaptados a los Programas Oficiales.- México, Imp. Mundial, 1934.-205, (4) p. mapas, ilustr. 23 cm.

Contiene: Cap. 1. La Tierra en el espacio.- Cap. 2. Coordenadas y proyecciones.- Cap. 3. La Atmósfera.- Cap. 4. Climas.- Cap. 5. El relieve del suelo.- Cap. 6. Hidrografía.

VILLALBA MUÑOZ, LUIS, O. S. A.

La Excomunión del Cometa Halley y el Papa Calixto III. (Boletín Eclesiástico y Científico del Arzobispado de Guadalajara, t. 7, p. 73-84 y 110-116, Guadalajara, 1910).

VILLASEÑOR Y SÁNCHEZ, JOSÉ ANTONIO

Matemático Cómputo de los Astros.- México, 1756.-8o.

Beristáin, t. 3, p. 287.

Observación del Cometa que apareció en el hemisferio de México en los meses de Febrero y Marzo de 1742.- México, 1742.-4o.

Beristáin, t. 3, p. 287.

Z

ZACATECAS.- OBSERVATORIO ASTRONÓMICO

Eclipse anular de Sol que tendrá lugar el 5 de Marzo de 1886.- Zacatecas, Imp. del Hospicio en Guadalupe, a cargo de Ireneo Ruiz, 1884.-57 p. 1 lám. 20 cm. (Observatorio Astronómico de Zacatecas).

Subscrito por el Ing. D. José Árbol y Bonilla.

ZAHN, CARLOS M.

Constelación de Orión. (Bol. Soc. Astr. Mex., t. 13, p. 30 y 46-48, México, 1914).

ZÁRATE, JULIO, Abogado.

Los progresos de la Astronomía en el año de 1905. Discurso pronunciado en la Asamblea General Reglamentaria del 6 de Diciembre de 1905. (Bol. Soc. Astr. Mex, t. 5, p. 679-687, México, 1906).

ZAVALA, FRANCISCO JOSÉ, Abogado.

Polémica Matemático-astronómica. (La Alianza Literaria, t. 1, n. 18, Guadalajara, 1876).
Contestación al opúsculo del Dr. D. Agustín de la Rosa "La Cuestión de Galileo discutida matemática y astronómicamente".

ZAVALA, MIGUEL, O. F. M.

Apuntes sobre Cómputo Eclesiástico. No se reimprimirán estos Apuntes sin consentimiento del Autor.- Querétaro, Tip. de González y Ca., 1880.- 16 p. 20 cm.

ZELAYETA, JUAN, Abogado.

Copérnico, Galileo y el Sr. Presb, D. Lauro Díaz Morales. (La Alianza Literaria, t. 1, n. 14, Guadalajara, 1876).

Refutando ciertas opiniones emitidas acerca de las teorías de ambos astrónomos.

Otra vez Galileo. Carta al Sr. D. Lauro Díaz Morales. (La Alianza Literaria, t. 1, n. 15, Guadalajara, 1876).
Réplica al Sr. D. Lauro Díaz Morales, sobre la cuestión de Galileo. (La Alianza Literaria, t. 1, n. 15, Guadalajara, 1876).
Galileo. Réplica 2a. al Sr. D. Lauro Díaz Morales. (La Alianza Literaria, t. 1, n. 17, Guadalajara, 1876).

ZENIL, RUBÉN L.

El Calendario. (Rev. Soc. Est. Astr. y Geof., v. 2, n. 3, p. 54-58, México, 1930).

ZÚÑIGA Y ONTIVEROS, FELIPE DE

Breve explicación del prognóstico, hecha por Don... Philomathemático de esta Corte. Año de 1753. Con licencia.- México, Imp. nueva de la Bibliotheca Mexicana, 1753.-(8) f. 15 cm.

Respuesta satisfactoria a las anotaciones hechas a las Efemérides Mexicanas.- México, 1756.- 8o.

Beristáin, t. 2, p.

Bibliografía Astronómica Mexicana, 1557-1935 Juan B. Iguíniz se terminó de imprimir en diciembre de 2009, en la Sección de Impresiones y diseño de la UAM-I, San Rafael Atlixco Núm. 186 Col. Vicentina Iztapalapa.

La edición consta de 500 ejemplares